The Handbook of Wild Rhododendrons

ツツジ・シャクナゲ
ハンドブック

渡辺洋一
髙橋 修

文一総合出版

ツツジ・シャクナゲの楽しみ

髙橋 修

　子供のころ、庭や公園に植えてあるツツジの花を取って、花の後ろから吸った。甘い蜜の味がするのが楽しくて、よくツツジの花で遊んでいた記憶がある。日本中どこでもツツジは庭や公園、道路の植込みなどに利用され、とても身近な植物だ。寒い冬が終わり春、小さな木いっぱいに花を咲かせるツツジは、春を待ち望み、春を楽しむ日本人の好みによく合っているのだろう。

　ツツジの楽しみ方の一つに山歩きがある。山歩きが好きな方は、野生のツツジ・シャクナゲが好きな方が多い。日本各地にツツジの花の名山があり、開花期には多くの登山者が山歩きを楽しんでいる。しかし、シロヤシオのような見分けやすいツツジは別だが、ツツジはよく似た種も多く、初心者には見分けが難しい種が一部ある。このため「シャクナゲ」、「ミツバツツジ」程度にして、詳しい同定はしないで終わってしまう傾向がある。これは間違いではないにしろ、少しおもむきに欠ける。その山に生えているツツジの正確な名前がわかれば、より山登りが楽しめる人も多いだろう。

　ミツバツツジの仲間は似たものが多いが、雄蕊と雌蕊の毛の有無、子房の毛の形などの見分けるポイントを知ると、思ったよりも簡単に見分けられる。ツツジの名前がわかるようになれば、「キリシマミツバツツジとタカクマミツバツツジが咲く高隈山に登ろう」「ツクシアケボノツツジが咲く篠山に登ろう」と、より種名が具体的になり、もっと山歩きの楽しみの深みが増すようになる。

　ツツジは分かればわかるほど面白い。現場で何枚も写真を撮っておけば、後で見分ける手助けになる。ここは撮ったほうが良いという部分をあげると以下のようになる。

　①木全体の雰囲気
　②花の正面のアップ
　③花の中心にある雄蕊付け根と雌蕊、子房の表面のアップ
　④花の横面（萼片があるもの）
　⑤葉の表・裏面
　⑥若い果実

これだけの部分の写真があれば、たいていのツツジは見分けられる。ツツジ全種で全部のパーツが必要なわけではないが、全体の写真だけではなく、ツツジの花のパーツを細かく撮影しておいて、後でこのハンドブックを確認すれば、種の同定ができる。

　ところでツツジの同定を難しくしていることがある。ツツジはよく雑種を作るのだ（p.48 コラム「種間雑種」参照）。だからツツジ自生地の現場では判断が難しいものもある。今回この図鑑を撮影している時にも、判別が難しい中間型のツツジもたくさんあった。できる限り典型的な個体を撮影してはいるが、いろいろな種間の雑種が多いと知っていたほうがいいだろう。

　もう一つのツツジの楽しみは、野生のツツジを見るための旅ができることだ。野生のツツジは日本各地に分布しており、今回ツツジを撮影するため、北は北海道の大雪山から、南は西表島まで飛び回った。なんといっても、ツツジの咲く時期は春に集中している。撮影は開花に合わせる必要があり、また自生地も不便な場所ばかり。ツツジ撮影の旅は難しい。だからこそ毎回新しい発見があり、出会いと感動がある。

　ツツジの特徴は、当たり年と、そうでない年があることである。トキワバイカツツジが例年咲く時期に四国まで行ったら、なんと一輪も咲いていなかった。別の年に行った大台ヶ原ではツクシシャクナゲの当たり年で、どの木も大輪の花がたくさん咲いていた。

　野生のツツジの仲間で一番残念なのは、販売目的か栽培目的の盗掘が多いこと。このため希少なツツジは、植物の生息地情報がはっきりさせていないものも多い。ツツジは自然の中で見るのが一番美しいし、ツツジが生えている生育環境を知ることも楽しみの一つ。ツツジをよく知ることによって楽しみは広がる。この本を読んで、野生のツツジのファンが増えてくれるよう望む。多くの方がツツジを知ることによって、新たな生息地が見つかったり、まだ知られていないツツジが現れたり、まだこれからたくさんの新しい発見があるだろう。

ツツジ・シャクナゲとは

渡辺洋一

■ツツジ属の分布・生態

ツツジ・シャクナゲ（ツツジ属, *Rhododendron*）は、ツツジ科（Ericaceae）で最も大きな属である。日本ではツツジ科と呼ぶが、その科名の基になっているのはアフリカ・ヨーロッパに分布し、近年園芸でも普及しているエリカ（*Erica*）（図-1）である。ツツジ属は、北半球を中心に東南アジア島嶼を経てオーストラリアまで分布し、見解により差があるが、約900〜1000種を含む非常に大きな属である（図-2）。多くの種は①ヒマラヤ山脈、②東南アジア〜オセアニア島嶼部、③東アジアに集中しており、これらの地域が種の多様化の中心であると言える。

図-1 エリカ（*Erica carnea*）（スイス グリンデルワルト）

ツツジ属は木本種のみで構成されている。種によって寿命は異なるが、大型の種は長命で100年以上の個体も確認されている。大

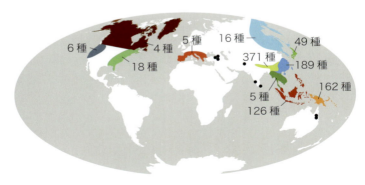

図-2 ツツジ属の分布と種数（黒丸は1種を示す）

型のもので有名なのはヒマラヤ山脈に分布する *R. arboreum*（図-3）で、樹高は20m近くに達するため日本のツツジからイメージする小型なものとは程遠く、まさに"木"である。小型のものは、主に北極周辺や高山など寒冷な場所に出現し、礫地や岩肌の上でマット状に生育する種も存在する。

先に述べたように、ツツジ属は非常に分布が広い。赤道直下の熱帯から北極周辺の寒帯まで幅広い環境に生育していて、この高い適応能力が

図-3 *R. arboreum*（ネパール アンナプルナヒマラヤ）

多様化の一因であることは疑いの余地がない。日本でも、高山にシャクナゲ類が分布するかと思いきや沖縄県にはセイシカが分布する。

ツツジ属の多くの種が先駆的な生活史特性（競争相手が少ない環境に生育する）をもっており、日本では疎林、林縁や岩場などの日当たりの良い場所に生育していることが多い。多くの種は発芽〜実生世代に日当たりの良さを求め、暗い場所にはあまり実生は見られない。また、多くの実生が見られるのは土壌が露出した場所もしくはコケ類がある場所である。草本のように種子が非常に小型（数mg）で大量に散布することから、「下手な鉄砲も数撃ちゃ当たる」といった戦略で発芽に適した場所に種子を散布していると思われる。先駆的な生活史特性をもつ種は多くが短命だが、ツツジ属では100年以上生育する種も少なくない。たとえば、シロヤシオの大木はそれほど珍しくなく、シャクナゲ類の大木は薄暗い林内で見られる。

■ **ツツジ属の系統・分類**

ツツジ属は化石記録から暁新世もしくは始新世（約5600万年前）には出現していたとされる。ツツジ属にはいくつか大きな系統があり、現在では主要な系統として以下が認識されている（図-4）

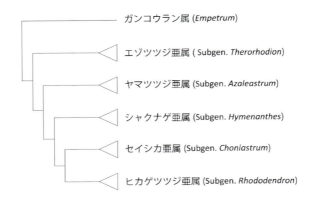

図 –4　ツツジ属の系統関係
Goetsch et al. (2005)、一部 Kurashige et al. (2001) に基づく

①エゾツツジ亜属：北太平洋沿岸の寒帯に分布（2 種）
②ヤマツツジ亜属：東アジア、北アメリカに分布（約 130 種）
③シャクナゲ亜属：東アジア、ヒマラヤ、ヨーロッパ、北アメリカに分布（約 280 種）
④セイシカ亜属：東アジア、東南アジアに分布（約 20 種）
⑤ヒカゲツツジ亜属：アジア全域、ヨーロッパ、オセアニア、北アメリカに分布（約 500 種）

　ツツジ属の分類は何度か変更されており、近年では DNA 解析技術の進歩によっていくつかの属がツツジ属に統合された。たとえば、エゾツツジ属、イソツツジ属、ヨウラクツツジ属はツツジ属に含めるのが妥当とされ、本書ではそれに則っている。日本ではツツジ属の種に対してツツジ・シャクナゲと名前を区別しているが、両者の形態に明瞭な違いはない。シャクナゲには常緑性の種しか含まれないが、ツツジには常緑性と落葉性が混在する。

■日本のツツジ属

　日本列島は狭い国土面積に反してツツジ属の種数が多い。その理由としては、緯度方向に長く、標高の高い山岳を有するなど環境変化に富んだ地理に起因していると考えられる。そのためか、それぞ

れの種が広い分布をもっていることは稀で、多くは特定の環境に生育している。

日本で見られるツツジ属の特徴としては、

①ツツジ属の主要系統をすべて見ることができる

　図4の亜属のすべてを見ることができる。このような地域は大陸にも存在しない。

②固有種の数が多い

　遺存的な種（例：バイカツツジ、オオバツツジなど）：近縁種と遺伝的に大きく離れ、他の地域では絶滅したが日本で生存してきたと考えられる種。

　新固有的な種（多くの種がこれに該当）：大陸もしくは日本列島に遺伝的に近い近縁種が存在し、比較的最近に種分化したと考えられる種。

③分布の限られた希少種・絶滅危惧種の数も多い

　環境省のレッドリスト（2017）では、32種・変種が絶滅危惧種として記載されている。絶滅危惧種が多い理由は元々分布が限られた希少種であったことが主要因だが、美しい花ゆえの園芸目的の採取も見逃せない要因となっている。

図 -5　タンナチョウセンヤマツツジ　対馬が南限となる絶滅危惧種（EN）。なかなか見ることはできない。

用語解説・名称

葉・茎

葉身：一般に葉と呼ばれる部位で葉柄を除く。

ツツジ類　　シャクナゲ類

葉柄：葉身を支える部位

枝先

夏葉※1：土用芽※2由来の葉

春葉※1：春の開花前後の時期に展葉する葉

※1　春葉と夏葉は形態が大きく異なる。また、半常緑と呼ばれる種の多くは夏葉のみが越年している。

※2　**土用芽・ラマスシュート**：春の展葉のあと土用の丑の日前後より開芽する芽とそれ由来の枝葉のこと。光環境の良い場所に生育する個体でよく観察できる。土用芽の伸びは徒長枝となることが多く、個体の成長にとって必要不可欠なものである。徒長枝の葉は春に開展する葉とは形態が異なることが多く、種の同定を難しくすることがある。また葉のつき方も変化し、たとえばミツバツツジ類では土用芽の葉は"ミツバ"にはならない。

花

①花冠
漏斗形、鐘形もしくは筒形で先は4–10裂する。分かれた先の部分を裂片と呼ぶ。花弁や雄蕊、子房室の基本数を数性と呼び、いくつかの種ではこの数に違いがある。

②斑点・ブロッチ
花冠裂片の上側1部分にある斑点。色や量が種により異なる。

雄蕊
花冠裂片と同数もしくは2倍の本数がある。
③葯：花粉が詰まっている器官
④花糸

雌蕊
⑤花柱：子房の先につく糸状の器官、先端に柱頭がある。
⑥子房：子房には花冠裂片の数と同数の子房室（種子が詰まる空間）がある。

⑦萼
花冠の外側に位置し、萼片の有無や形態も種同定に役立つ。

※ 図は断面

果実

萼

果実は形が異なるだけでなく、種によっては腺点や毛がある。

凡例

- 本書は日本に自生するツツジ属ほぼ全て 65 種と亜種・変種など計 83 種類について写真を掲載した。
- 基準種は 1 ページで説明し、変種については半分のページで説明した。

■欄外情報アイコン

- 生：生活型。矮性低木、低木、亜高木の 3 つに分類し、大よその樹高を記した。冬季の葉の残り方に応じて落葉、半常緑、常緑に分けた。一般に、常緑は葉が厚く光沢があり、落葉は葉が薄く、半常緑はその中間である。
- 花：開花期。大よその月別で記した。
- R：環境省レッドリスト（2017）。絶滅危惧種の絶滅カテゴリを記した。EX（絶滅）／EW（野生絶滅）／CR（絶滅危惧ⅠA類）／EN（絶滅危惧ⅠB類）／VU（絶滅危惧Ⅱ類）／NT（準絶滅危惧）／DD（情報不足）

■種番号・和名・ローマ字表記・漢字名・学名
全種に通し番号をつけ、亜種・変種はアルファベットで区別した。和名や学名は Yamazaki（1996）を参考にし、属組換えのあった種はその論文に従った。

■インデックスタブ
ツツジ属を 5 つの亜属に分け、それらを色分けした。

■葉
葉のつきかたと全体像がわかる写真と、識別に役立つ葉の大きさ・毛の有無などを記した。本図鑑では、基本的に枝葉の写真には春葉を統一して用いた。

■生態
その種の生育状態がわかるような開花期の写真

■生態写真キャプション
生育環境や写真撮影年月日・撮影地など。

■解説アイコン
- 識：識別点。近縁種と比べたときの特徴的な同定形質
- 名：和名や学名の由来
- ＊：変種の情報、雑種の有無や研究成果など特筆すべき情報

■花
花の正面もしくは側面の写真と、識別に役立つ花色・大きさ・雄蕊の本数など。

■果実
果実の写真と、識別に役立つ果実の大きさ・毛の有無・萼片の大きさ形など。

■分布図
Yamazaki（1996）を基に、自生地のおおよその位置を標本情報に基づき色点で示した。ただし標本未確認のため色点を付していない地域がある場合があり、地図の下に正確な国内外の分布域を記した。亜種・変種を含む場合は、それらを含めた分布範囲を記している。

種の検索表

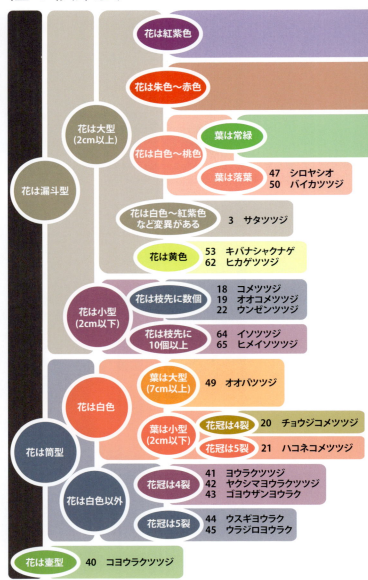

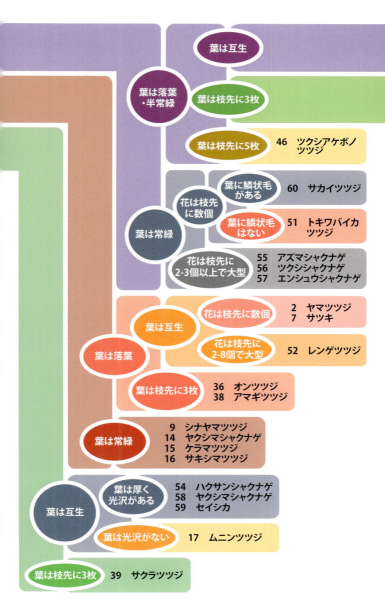

ツツジ・シャクナゲの枝先一覧

(入手できたものについてのみ掲載。大きさは×0.5)　スキャン画像：YW

13

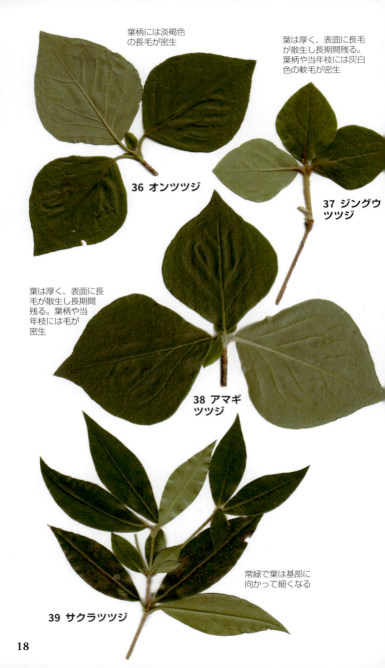

葉柄には淡褐色の長毛が密生

葉は厚く、表面に長毛が散生し長期間残る。葉柄や当年枝には灰白色の軟毛が密生

36 オンツツジ

37 ジングウツツジ

葉は厚く、表面に長毛が散生し長期間残る。葉柄や当年枝には毛が密生

38 アマギツツジ

常緑で葉は基部に向かって細くなる

39 サクラツツジ

19

47 シロヤシオ
葉裏の主脈基部に白毛が密生

葉の両面に剛毛が散生、縁に先が毛となる微細な鋸歯

48 ムラサキヤシオツツジ

葉の縁に細かい鋸歯。葉柄に腺毛があり少し粘る

50 バイカツツジ

葉の両面は無毛。葉柄には短毛

51 トキワバイカツツジ

葉の表面や裏面主脈上に剛毛

52 レンゲツツジ

葉は両面とも無毛

53 キバナシャクナゲ

先は尖り、基部はくさび型。葉裏は褐色の綿状毛が密生

葉表は無毛、葉裏は無毛もしくは露滴状毛が密生

54 ハクサンシャクナゲ

55a アズマシャクナゲ

表面は無毛、葉裏に綿状毛が厚く密生

先は尖り、基部はくさび型。葉裏は褐色の綿状毛が密生

58 ヤクシマシャクナゲ

56a ツクシシャクナゲ

21

ヤクシマシャクナゲより葉が大きく、葉裏の毛の量は少ない

58 オオヤクシマシャクナゲ

葉は両面とも無毛

59a セイシカ

生 落葉矮性低木（30cm以下） 花 6月-8月

1 エゾツツジ【Ezo-tsutsuji 蝦夷躑躅】
Rhododendron camtschaticum Pall.

高山帯の風衝地に生育する。（2013年6月16日 北海道礼文島）

葉は倒卵形、長さ2-4cm、幅1-2cm。縁や両面に粗い毛がある。

花は濃紅紫色、径2.5-3.5cm。雄蕊は10本。蒴果は長卵形、長さ約1cm。萼片は狭長楕円形、長さ1-1.5cmと大型、粗い毛と腺毛がある。

周北極要素と呼ばれる北極域に分布の中心がある種の1つで、日本は分布の南限にあたる。識 花柄が長く、萼片が大きく毛が密生する。高山植物であり、樹形は矮性である。名 国内では北海道（蝦夷）の高山に比較的多く生育することから。＊別属エゾツツジ属（*Therorhodion camtschaticum* (Pall.) Small）とする意見もあるが、積極的に別属にする理由は見当たらず、本書では同属として扱っている。DNA配列を用いた研究から、ツツジ属に含めるとすると、その中で最も初期に分岐した系統であることがわかっている。

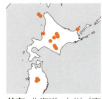

分布：北海道、本州（東北地方の一部）、ロシア（極東）、アメリカ（アラスカ）

24

生 半常緑低木（1–3m） 花 4月–7月

2a ヤマツツジ【Yama-tsutsuji 山躑躅】
Rhododendron kaempferi Planch. var. *kaempferi*

ヤマツツジ亜属　ヤマツツジ類

北海道南部から九州の低地〜山地に広く分布する最も一般的な種。（2016年6月4日　山梨県北杜市）

葉は卵形・楕円形・長楕円形など変異があり、長さ2–7cm、幅1.5–4cm。両面に長毛が散生し、葉柄や葉裏主脈上には淡褐色の毛が密生する。

花は朱色、径3–4cm。雄蕊は5本。

里山を中心に日本で最も広く見られるツツジで、基本的には朱色だがいくつかの変種は赤紫色である。識北海道〜九州では朱色のツツジは意外に少なく、広く見られるのは本種くらい。他に朱色の種にはサツキやオンツツジがある。名野山で一般的であることから。＊ヤマツツジは4つの変種を含み、それらは花色や葉の形で区別される。分布や系統関係から、サツキ、ミヤマキリシマやアシタカツツジなどの進化的な母種（祖先）に相当すると考えられる。ヤマツツジの近縁種には雄蕊が5本の種が多く、ケラマツツジの仲間は雄蕊が10本の種が多い。

蒴果は長卵形、長さ6–8mm、褐色の毛が密生する。萼片は卵形で長さ1.5–3mm、長毛がやや密生する。

● ヤマツツジ
● オオシマツツジ
● ミカワツツジ
● ヒメヤマツツジ
● サイカイツツジ

分布：北海道（南部）、本州、伊豆諸島、四国、九州

2b オオシマツツジ【Oshima-tsutsuji　大島躑躅】
Rhododendron kaempferi Planch.var. *macrogemma* (Nakai) Kitamura

(2007年5月11日　東京都神津島)

伊豆諸島（伊豆大島～御蔵島）、本州（伊豆半島南部）に分布する種で、火山適応の一型だと考えられる。識丸みを帯びた小型の葉が特徴で、葉はヤマツツジより厚い。

2c ミカワツツジ【Mikawa-tsutsuji　三河躑躅】
Rhododendron kaempferi Planch.var. *mikawanum* (Makino) Yamazaki

(2017年4月7日　東京都小石川植物園)

愛知県の一部に分布する葉が小型の変種。識小型の葉が特徴で、花色はヤマツツジと異なり紅紫色である。同じように葉が小型の変種にサイカイツツジ var. *saikaiense* Yamazaki がある。

2d ヒメヤマツツジ 【Hime-yama-tsutsuji　姫山躑躅】
Rhododendron kaempferi Planch.var. *tubiflorum* (Komatsu) Yamazaki

(2015年5月4日　山口県柳井市)

瀬戸内に分布するヤマツツジの変種。花は淡紅紫色で、径はヤマツツジより小さく2–3cm。春葉は狭楕円形、夏葉は倒狭披針形でフジツツジに非常に似ている。

コラム "躑躅"の漢字名の由来

　日本ではツツジは"躑躅"、シャクナゲは"石楠花"と書かれる。しかし、中国ではツツジとシャクナゲは区別せず杜鵑と書かれる。興味深いことに杜鵑は日本では鳥のホトトギスもしくは植物のホトトギス（杜鵑草）であり、同じ漢字が別のものを示すように変化している。

　では、躑躅の漢字はどこから来てどのような意味をもつのだろうか？ 漢字辞典ではツツジの意味以外に、行きつ戻りつや躊躇に似た意味があると記載されている。先ほど、中国では杜鵑と書かれるとあったがいくつか例外がある。たとえば、セイシカは西施花と書かれるし、トキワバイカツツジは馬銀花と書かれる。同じようにトウレンゲツツジは羊躑躅と書かれる。躑躅の字はここが起源になっていると思われる。レンゲツツジは有毒で、日本でも放牧された牛などの家畜はこれを食べない。おそらく、躑躅の字は誤ってレンゲツツジを食べ中毒症状を起こした家畜が由来になっているのではと推測されている。

（渡辺）

生 半常緑低木（1–3m）花 3月下旬–5月上旬

3 サタツツジ【Sata-tsutsuji　佐多躑躅】
Rhododendron obtusum (Lind.) Planch.

大隅半島の低地の日当たりの良い場所によく見られる。
（2017年4月19日　鹿児島県鹿屋市）

葉は倒卵状楕円形、長さ1.5–3cm、幅0.5–1.5cm。

花は淡紅紫色、紅紫色、紅色、白色など変異があり、径3–4cm。雄蕊は5本。

蒴果は長卵形、長さ6–8mm、褐色の毛が密生する。萼片は卵形、長さ1.5–3mm、長毛がやや密生する。

鹿児島県の一部に分布するヤマツツジに似た低木で、花色変異に富んでいる。識花色は変異があり、淡紅紫色、赤色など。雄蕊は5本。葉は、ヤマツツジと比べると小型で幅が狭いが変異がある。名主要な生育地である大隅半島の佐多岬に由来する。＊別種の扱いにする説やヤマツツジと変種関係にする説などがあり現在でも混乱している。園芸品種であるキリシマツツジ、クルメツツジとの区別が難しい個体も多く、また、サタツツジ自体がヤマツツジ・ミヤマキリシマなどとの雑種起源であるという可能性もあり扱いが難しいが、本書では別種として扱った。

分布：九州（鹿児島県）

生 半常緑低木（1m以下） 花 4月-6月

4 ミヤマキリシマ【Miyama-kirishima 深山霧島】
Rhododendron kiusianum Makino

ヤマツジ亜属

ヤマツジ類

風の影響の強い場所では盆栽状の丸みをもった樹形となる。
（2017年6月17日 大分県竹田市）

葉は小型の倒卵形、長さ1–3cm、幅0.5–1.5cm。葉の両面に剛毛があり、特に葉裏の葉脈上に多い。

花は紅紫色、径1.5–2cmと小型。雄蕊は5本。

蒴果は卵形、長さ約6mm、灰白色の長毛が密生する。萼片は円形、長さ1–2mm、縁に長軟毛が生える。

九州の山岳の山頂付近に生育する低木で、特に火山に多く見られる。小型の樹形と葉は、山頂部の、礫質で排水性が良いために乾燥した環境に適応した結果だと考えられる。識ヤマツツジに似るが、花はより小型（2cmほど）で紅紫色、葉も小型である。名和名は日本の植物学の父と呼ばれる牧野富太郎による命名であり、キリシマツツジとの類縁を意識した命名であると考えられる。＊ヤマツツジと近縁で両種の分布が近い霧島山系では雑種が報告されており、これが園芸品種キリシマツツジの起源であるという意見がある。

分布：九州（山岳地帯）

生 半常緑低木（1m以下） 花 4月-5月

5 フジツツジ 【Fuji-tsutsuji　藤躑躅】
Rhododendron tosaense Makino

ヤマツツジと似たような場所に生育するが、数は多くない。
（2016年4月22日　高知県安芸郡）

葉は長楕円形、長さ1.5-3cm、幅0.5-1cm。両面に淡褐色の毛が散生する。葉柄や葉裏主脈上には淡褐色の毛が密生する。

花は淡紅紫色、径約3cm。雄蕊は5本。

蒴果は狭長卵形、長さ7-10mm、褐色の長毛が生える。萼片は円形で長さ約1mmで目立たない。

四国と九州の一部に分布し、分布の中心は高知県にある。識 花は淡紅紫色で花弁上部の斑点が目立つ。春葉と夏葉の別があり、春葉はヤマツツジに似ているがより細い。夏葉はさらに細くサツキにも似る。稚樹は春葉もサツキのように細い。名 藤色の花が美しいことに由来する。オンツツジに対してメンツツジとも呼ぶ。学名 *tosaense* は、高知（土佐）で個体数が比較的多く、命名者 牧野富太郎の故郷でもあることに由来する。＊ヤマツツジと分布が重複していてヤマツツジと雑種を形成する場合もあるため、花期以外の時期は見分けがつきにくい個体がある。

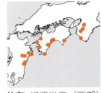
分布：紀伊半島（西部）、四国、九州（東部）

生 半常緑低木（2–3m） 花 5月上旬–6月上旬 R VU

6 アシタカツツジ【Ashitaka-tsutsuji　愛鷹躑躅】
Rhododendron komiyamae Makino

ヤマツツジ亜属

ヤマツツジ類

富士山周辺の冷温帯に生育する。（2012年5月21日 静岡県裾野市）

葉は長楕円形、長さ1.5–5cm、幅0.4–1.5cm。両面に長毛が散生する。葉柄や葉裏主脈上には淡褐色の剛毛が密生する。

花は紅紫色、径2–3cm。雄蕊は7本で稀に6–9本。

蒴果は長卵形、長さ8–10mm、灰色の長毛が密生する。萼片は円形、長さ2–3mm、縁に長毛がある。

富士山周辺の2山系（愛鷹山系、天子山地）で知られているのみであるが、愛鷹山系の標高1000m以上の地域ではヤマツツジよりも多く見られる。識近縁であると考えられるヤマツツジの花色は朱色だが本種は紅紫色。また、雄蕊の本数も7本と多い。葉はヤマツツジよりも小型である。名愛鷹山系で発見されたことから。
＊ヤマツツジの近縁種はミヤマキリシマ、アシタカツツジなど分布が限られた種が多く、おそらくヤマツツジを祖先として各地で固有種が種分化したのだと考えられる。

分布：本州（静岡県の一部）

生 半常緑低木（1m以下） 花 5月下旬-7月

7 サツキ【Satsuki 皐月】
Rhododendron indicum (L.) Sweet

渓流沿いで洪水が発生したときに水をかぶるような場所に生育する。（2016年5月20日 鹿児島県屋久島）

葉は披針形、長さ1-3cm、幅1cm以下。表面や裏面の主脈上に淡褐色の剛毛が散生する。葉柄には剛毛がある。

花は赤色、径3-4cm。雄蕊は5本。

蒴果は卵状長楕円形、長さ7-8mm、剛毛が密生する。萼片は卵形、長さ1-2mm、長毛が密生する。

本州中部を分布の中心として、屋久島に隔離分布する。園芸・緑化利用されることが多く頻繁に目にするが、本来の自生は渓流沿いの岩場に限られる。識 よく似たヤマツツジとは小型の樹形、細長い葉で区別できる。これらの形態は渓流沿いに生育する植物がもつ共通点でもある。花期は5月下旬以降で、ヤマツツジより遅い。名 旧暦の皐月（現在の5月下旬-6月）に咲くためサツキの名がついたと言われる。＊DNA解析の結果から、本州と屋久島のサツキは遺伝的に大きく異なり、両地域でヤマツツジから独立に進化したと考えられる。

分布：本州（関東〜近畿地方）、屋久島

生 半常緑低木（1m以下） 花 5月下旬−6月上旬

8 マルバサツキ【Maruba-satsuki　丸葉皐月】
Rhododendron eriocarpum (Hayata) Nakai

ヤマツツジ亜属

ヤマツツジ類

日当たりの良い礫地に生育する。（2016年5月20日 鹿児島県屋久島）

葉は円形、長さ1–4cm、幅0.5–2.5cm。やや厚く光沢がある。両面に長毛が散生し、裏面主脈上や葉柄には剛毛が密生する。

花は淡紅紫色、径3–5cm。雄蕊は10本。蒴果は卵形、長さ8–10mm、褐色の剛毛が密生する。萼片は円形で長さ1–2mm、縁に長毛が密生する。

九州南部〜南西諸島に分布し、その自生地の多くは火山島の礫地である。識開花期が遅く、サツキと同じ時期（5月下旬−6月）に開花する。サツキとは花色、雄蕊の数、葉形などが異なる。名サツキと同じ時期に開花し、葉が丸いことによる。＊屋久島にも分布するが、屋久島ではマルバサツキとサツキが高い頻度で雑種を形成している。この雑種個体は、花色・雄蕊の数や葉形に変異があることがわかっている。尖閣諸島に分布するものはセンカクツツジ var. *tawadae* Ohwi（環境省レッドリスト、CR）として区別されているが、自生地の現状は不明である。

分布：九州（南部）、南西諸島（大隅諸島〜トカラ列島）

生 半常緑低木（1–2m） 花 3月下旬–4月

9 シナヤマツツジ【Shina-yama-tsutsuji　支那山躑躅】
Rhododendron simsii Planch.

南西諸島の川沿いの日当たりの良い岩場など多様な環境に生育する。（2017年3月16日　沖縄県西表島）

葉は楕円形、長さ2–5cm、幅0.7–2cm。両面に褐色の長毛が散生する。

花は朱色、径3–4cm。雄蕊は10本。

蒴果は狭卵形、長さ10–12mm、褐色の剛毛が密生する。萼片は卵形、長さ3mm、長毛が密生する。

南西諸島〜中国大陸に至る広い範囲に分布する。識本種の分布とケラマツツジもしくはサキシマツツジの分布は重複しているが、シナヤマは葉は小型で両面に毛が散生するのに対し、サキシマやケラマは葉が大型で葉柄や葉裏の脈上の毛が目立つ。名中国（支那）に分布の中心があることから。別名タイワンヤマツツジ。＊葉型変異に富んでいて、大陸の個体は雄蕊の数以外日本のヤマツツジと見分けが付かないほど似ているものが多い。しかし南西諸島の個体は、春葉はヤマツツジより小型、夏葉は倒卵状で、ヤマツツジとは明らかに異なる。

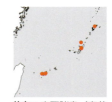

分布：南西諸島（奄美大島以南）、台湾、中国

生 半常緑低木（1–2m） 花 4月下旬–6月上旬

10 オオヤマツツジ 【Oyama-tsutsuji　大山躑躅】
Rhododendron transiens Nakai

ヤマツツジ亜属

ヤマツツジ類

関東平野の里地里山を代表する種。（2017年4月23日東京都小石川植物園）

葉は狭楕円形、長さ2–5cm、幅0.8–2.5cm。葉の両面に長毛が散生し、葉裏主脈上と葉柄には褐色の剛毛が密生する。

花は紅紫色、径5–6cm。雄蕊は10本。

蒴果は長楕円形、長さ約1cm、褐色の長毛がやや密生する。萼片は卵形～披針形、長さ4–10mm、褐色の長毛がやや密生する。

関東地方の丘陵地を中心に分布するが、この地域の開発に伴い個体数が激減している。識 葉や花はヤマツツジよりもむしろチョウセンヤマツツジに似る。本種は春葉と夏葉の別があり、夏葉は先端が丸みを帯びるが、チョウセンヤマツツジの夏葉はそれほど丸みを帯びない。また本種は半常緑であるため、開花期には前年の夏葉が残っているが、チョウセンヤマツツジは落葉であるため開花期には前年葉はない。名 ヤマツツジよりも毛が目立つなど大柄（豪壮）であるためと思われる。＊チョウセンヤマツツジと同じく園芸品種の親として重要な種である。

分布：本州（関東～東海地方）

35

生 落葉低木（1–2m） 花 4月下旬–5月 R EN

11 タンナチョウセンヤマツツジ【Tanna-chosen-yama-tsutsuji 耽羅朝鮮山躑躅】
Rhododendron yedoense Maxim. ex Regel var. *hallaisanense* (Lévl.) Yamazaki

対馬の日当たりの良い場所に生育する。（2017年5月5日 長崎県対馬）

葉は狭楕円形、長さ2–5cm、幅1–2.5cm。葉の両面や縁に白色の毛が生え、特に主脈上や葉柄の毛が目立つ。

花は紅紫色、径4–5cm。雄蕊は10本。蒴果は狭卵形、6–8mm、長毛が生える。萼片は卵形、長さ3–6mm、淡褐色の長毛がやや密生する。

朝鮮半島の中部〜南部を中心に分布し、対馬は韓国の済州島と共に南限域に相当する。葉はヤマツツジに類似しているが、ケラマツツジなどと同じく葉や葉柄の長毛が目立つ。名朝鮮半島に由来し、タンナ（耽羅）は済州島の古名である。学名の *yedoense* は、本種の学名が野生個体ではなく日本から輸出された園芸品種であるヨドガワツツジに対して与えられたことに因む。＊基準変種チョウセンヤマツツジ var. *yedoense* f. *poukhanense* (Lévl.) Nakai との違いは葉型で、Yamazaki(1996) によると、対馬と済州島のものは別変種であるとされている。

分布：対馬、韓国

生 半常緑低木（1-2m） 花 4月下旬-6月上旬

12 モチツツジ【Mochi-tsutsuji　黐躑躅】
Rhododendron macrosepalum Maxim.

ヤマツツジ亜属

ヤマツツジ類

乾燥した日当たりの良い場所に生育する。（2009年4月30日　徳島県名東郡）

葉は楕円形、長さ3-7cm、幅1.5-3cm。葉の両面や葉柄には白色の長毛とともに腺毛が混じり、非常に粘る。

花は淡紅紫色、径約5cm。雄蕊は5本、稀に6-7本。

蒴果は長楕円形、長さ約1.2cm、腺毛が密生する。萼片は長披針形で先がとがり、長さ1.5-3cm、腺毛と長毛がある。蒴果は萼片の中に隠れているように見える。

本州の中部地方以西〜近畿地方、四国（東部）の里山に広く見られる。その地域では、ヤマツツジやコバノミツバツツジと並ぶ普通種である。識 葉や葉柄・花柄は腺毛が多いため非常に粘り、よくハエやゴミが付着している。また、葉の長毛はとても目立ち、毛深い印象を受ける。名 植物体の大部分が非常に粘ることから。＊近縁種は中国・四国地方に分布するキシツツジで、四国東部では分布がわずかに重複している。大陸にもモチツツジのように植物全体に腺が発達した種 *R. rivulare* Hand.-Mazz. などが知られているが、系統関係は不明である。

分布：本州（東海〜近畿地方）、四国（東部）

生 半常緑低木（1m以下） 花 4月下旬 –5月

13 キシツツジ【KIshi-tsutsuji　岸躑躅】
Rhododendron ripense Makino

西日本の渓流沿いに生育する。（2015年5月7日　高知県土佐郡）

葉は披針形、長さ3–5cm、幅 0.8–1.5 cm。葉柄には長毛は多いが、腺毛はほぼない。

花は淡紅紫色、径約5cm。雄蕊は10本、稀に7本。

蒴果は狭卵形、長さ8–10mm、褐色の長毛が生える。萼片は披針形、長さ1–2cm、腺毛が散生する。

サツキと同じく渓流に適応した種の1つで、細い葉が特徴的である。識 葉や葉柄・葉柄に毛が多いが腺毛は無いもしくは少なく、モチツツジのようには粘らない。葉が細い個体がほとんどだが、生育する場所によってはそれほど葉が細くない個体も存在する。花の雄蕊の数はモチツツジと異なる。名 渓流の岸部に生育することから、種小名 (*ripense*) もこれに由来する。＊興味深いことに、同じような環境に生育するサツキとは分布が分かれている。現在の分布は、河川の流路に沿って形成されたようである。

分布：本州（中国地方）、四国、九州の一部

生 常緑低木（1–2m） 花 4月–5月 R VU

14 ヤクシマヤマツツジ【Yakusima-yama-tsutsuji　屋久島山躑躅】
Rhododendron yakuinsulare Masamune

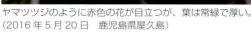
ヤマツツジのように赤色の花が目立つが、葉は常緑で厚い。
（2016年5月20日　鹿児島県屋久島）

葉は長楕円形で長さ3.5–7cm、幅1.2–2.5cm。葉の両面に剛毛が散生し、葉裏主脈上や葉柄に密生する。

花は赤色で、径約3cm。雄蕊は10本。

蒴果は卵形、長さ約7mm、褐色の剛毛がやや密生する。萼片は卵円形、長さ5–8mm、縁の長毛が目立つ。

屋久島にのみ分布し、中標高帯の河川沿い岩場や道路沿い法面など明るい場所でサクラツツジと共によくみられる。識 ケラマツツジより葉の表面は硬質。また、花はやや小型である。名 屋久島に固有であることから。＊名前にヤマツツジとあるがヤマツツジとは異なる系統で、ケラマツツジ・サキシマツツジ・ムニンツツジと近縁な種である。これらの種は半常緑に見えるが、夏葉だけでなく春葉が冬季に落葉しないので常緑として扱われる。また、これらの種は近縁であるが分布を完全に分けている。

分布：屋久島

ヤマツツジ亜属

ヤマツツジ類

生 常緑低木（1–2m）花 2月–5月 R VU

15 ケラマツツジ【Kerama-tsutsuji 慶良間躑躅】
Rhododendron scabrum D. Don

南西諸島中部（中琉球）の日当たりの良い岩場などに生育する。（2017年3月10日　沖縄県沖縄本島）

葉は長楕円形、長さ5–8cm、幅 0.8–3.5 cm。葉の両面に剛毛が散生し、葉裏主脈上や葉柄に密生する。

花は赤色、径4–5cm。雄蕊は10本。

蒴果は狭卵形、4–10 mm、褐色の長剛毛が密生する。萼片は卵円形、長さ5–7 mm、縁の長毛が目立つ。

奄美大島〜沖縄本島にかけて見られ、特に林縁や川沿いの岩場など日当たりの良い場所に多い。識 サキシマツツジに近縁だが、本種は萼片が卵円形でサキシマツツジは披針形。分布が重複しているシナヤマツツジの萼片は本種と同じく卵円形だが、葉が小型で夏葉は倒卵形である。名 沖縄本島近くの慶良間諸島に由来する。＊葉型の変異が大きく、典型的な個体の葉は大型だが、渓流沿いには葉が細くなる個体が見られる。本種は園芸品種ヒラドツツジの親であると考えられている。

分布：南西諸島（沖縄諸島、奄美群島）

生 常緑低木（1-2m）花 3月-5月

ヤマツツジ亜属
ヤマツツジ類

16 サキシマツツジ 【Sakishima-tsutsuji 先島躑躅】
Rhododendron amanoi Ohwi

川沿いの日当たりの良い岩場などに生育する。（2017年3月15日 沖縄県西表島）

葉は長楕円形、長さ2-7cm、幅0.8-3cm。葉の両面に剛毛があり、葉裏主脈上や葉柄に密生する。

花は赤色、径5-6cm。雄蕊は10本。

蒴果は長卵形、長さ7-10mm、長毛と腺毛が散生する。萼片は披針形、先がとがり、長さ4-10mm、縁に毛があり腺毛が混じる。

南西諸島南部（南琉球）の先島諸島に属する西表島と石垣島にのみ分布する。識 南西諸島ではヤマツツジの類は少ないが、西表島ではシナヤマツツジと混生している。花色や雄蕊の数での見分けは難しいが、萼片はシナヤマツツジは卵形、サキシマツツジは披針形である。また、葉はシナヤマツツジは両面に毛が散生するのに対しサキシマツツジは葉柄や葉裏の脈上の毛が目立つ。名 先島諸島に分布することから。＊西表島に多く生育するが、同所的に生育するシナヤマツツジと雑種を形成していて区別が難しい場合がある。

分布：南西諸島（石垣島、西表島）

生 常緑低木（1–2m）花 4月–5月 R CR

17 ムニンツツジ【Munin-tsutsuji　無人躑躅】
Rhododendron boniense Nakai

日当たりの良い斜面に生育する。（2000年3月31日 東京都小笠原父島　撮影：永田芳男）

葉は狭長楕円形、厚く、長さ3–5cm、幅1–1.5cm。主脈上や葉柄の毛が目立つ。

花は白色、径4–5 cm。雄蕊は10本。

蒴果は披針状長楕円形、長さ1.5–2cm、褐色の長毛が密生する。萼片は皿状、小さく、長毛が密生する。

小笠原諸島父島の躑躅山1か所しか自生地は知られていない。日本のツツジ属の中で種の保存法に指定された種の1つで、ツツジ属の中では最も絶滅のリスクが高い。識 葉はサキシマツツジに似るが、花は白色でまったく異なる。また、萼片も目立たない。名 小笠原の別名（無人、英名bonin）に由来する。学名の *boniense* もこれに由来する。＊野生個体は1個体まで減少し、現在では保護増殖事業が行われている。そのため、現地に生育している複数の株は最後の自生株の挿し木によるクローンもしくは自殖種子由来の実生である。

分布：小笠原諸島（父島）

生 半常緑低木（1m）花 6月–8月上旬

18 コメツツジ 【Kome-tsutsuji 米躑躅】

Rhododendron tschonoskii Maxim.

ヤマツツジ亜属 コメツツジ類

山岳の山頂部周辺の日当たりの良い場所に生育する。
（2016年7月27日　新潟県湯沢町）

葉は長楕円形、長さ1–2.5cm、幅0.5–1cm。葉の両面に淡褐色の毛が散生し、葉裏は白色の網状脈が目立つ。

花は白色、筒状漏斗形。花冠の幅は8mm、花弁は4–5裂する。雄蕊は4–5本、花冠から突出する。

蒴果は卵形で3–4mm、小型であまり目立たない。

分布：北海道、本州、四国、九州

東日本の太平洋側の山岳域に分布し、林内ではなく風衝地など他の植物が少ない場所に生育する。識 コメツツジ類は花が非常に小型（1cm以下）で、葉も小型であるため他のツツジ属との区別は容易である。コメツツジ類の中で、コメツツジだけ葉裏の葉脈が白色の網状で目立つ。花冠が5裂するコメツツジ類は本種とハコネコメツツジだけである。名 蕾が色・大きさ・形ともに米粒にそっくりであるため。＊東日本には5数性の個体が分布し、西日本には4数性の個体が分布する。これらは数性だけでなく葉型も異なり、明らかに別種と言えるものである。

生 半常緑低木（1m以下）花 6月–8月上旬

19 オオコメツツジ 【O-kome-tsutsuji　大米躑躅】
Rhododendron trinerve Franch. ex Boisser

コメツツジに似ているが、花よりも大きな葉が目立つ。
（2008年7月26日　長野県八方尾根）

葉は長楕円形、長さ1.5–4cm、幅0.5–2cm。葉の基部から伸びる2本の側脈が非常に目立つ。

花は白色、筒状漏斗形。花冠の幅は約8mm、花弁は4裂する。雄蕊は4本、花冠から突出する。

蒴果は卵形、3–4mm、小型であまり目立たない。

本州日本海側の多雪地に分布の中心がある。識コメツツジと異なり、本種は花冠が4裂する。雄蕊や花弁の数（数性）はコメツツジ類を見分ける特徴の1つだが、個花によっては増減することがあるので、1つの花だけでなく株全体の花を見る必要がある。葉の2本の側脈が非常に目立つのは他のコメツツジ類にない特徴である。名葉が大きいことに由来する。＊北アルプスではチョウジコメツツジ、群馬県・栃木県に位置する至仏山周辺ではコメツツジと分布が重複していて、雑種の報告がある。

分布：本州（日本海側）

生 半常緑矮性低木（50cm以下） 花 7月-8月

20 チョウジコメツツジ【Choji-Kome-tsutsuji　丁子米躑躅】
Rhododendron tetramerum (Makino) Nakai

ヤマツツジ亜属

コメツツジ類

寒冷な高標高域に生育する。（2015年7月25日　長野県八ヶ岳）

葉は長楕円形、長さ1–2cm、幅0.5–1cm。葉の両面に淡褐色の毛が散生する。

花は白色もしくは紅色、筒状鐘形。花冠の先端は4裂し、花弁は花筒よりも短い。花筒は長さ5–10mm。雄蕊は4本、花冠からは突出しない。

蒴果は卵形、3–4mm。小型であまり目立たない。

中部地方の1000–3000mの標高帯に生育し、多くは、北・中・南アルプスや八ヶ岳・美ヶ原などの風衝地である。識 コメツツジと異なり、花が筒状である。花はハコネコメツツジにも似るが、本種は花の先端が4裂する一方、ハコネコメツツジは5裂する。また、ハコネコメツツジは葉裏にほとんど毛がなく、同所的に分布する場所は限られている。名 筒状の花が香辛料の丁子（クローブ）に似ることに由来する。
＊寒冷地に適応したと考えられるコメツツジ類の中でも最も高所に生育し、アルプスでは非常に小型の個体しか見られない。

分布：本州（中部地方）

45

生 半常緑矮性低木（50cm以下） 花 6月–8月上旬 R VU

21 ハコネコメツツジ【Hakone-kome-tsutsuji　箱根米躑躅】
Rhododendron tsusiophyllum Sugim.

植物の少ない岩場に生育する。（2016年7月21日 東京都神津島）

葉は長楕円形、長さ7–11mm、幅4–6mm。葉の表面は淡褐色の毛が散生し、葉裏はほぼ無毛。

花は白色の筒状鐘形。花冠の先端は5裂し、花弁は花筒よりも短い。花筒は長さ7–10mm。雄蕊は5本、花冠からは突出しない。葯は縦に裂ける。
蒴果は広卵形、3–4mm。小型であまり目立たない。

中部地方〜伊豆諸島の火山地帯にのみ分布する固有種群（フォッサマグナ要素）の代表種である。識 花はチョウジコメツツジに似るが、葉は本種の方が小さい。また、風衝地に生育することが多いので盆栽状の樹形となっていることが多い。名 主要な生育地である箱根に由来する。＊別属ハコネコメツツジ属 *Tsusiophyllum tanakae* Maxim. とされることもあるが、ツツジ属に含めるのが妥当である。DNA解析の結果からも他のコメツツジ類との類縁が支持されている。

分布：本州（中部地方）、伊豆諸島

生 半常緑低木（1m以下） 花 4月下旬–5月

22a ウンゼンツツジ【Unzen-kome-tsutsuji　雲仙躑躅】
Rhododendron serpyllifolium (A. Gray) Miq. var. *serpyllifolium*

低地の薄暗い林内に生育する。（2016年4月22日　高知県安芸郡）

葉は倒卵形、長さ5–10mm、幅2–4mmと非常に小型。葉表や縁に長毛が散生し、葉裏の主脈上には扁平な剛毛が散生する。

花は淡紅紫色、径約1.5cm。雄蕊は5本。

蒴果は卵状長楕円形、長さ約5mm、褐色の長毛が密生する。萼片は小さな皿状で目立たない。

静岡県の伊豆半島〜鹿児島県の大隅半島に至る太平洋に面した広い地域に断片的に分布する。自生地の多くは雨量の多い地域である。識他のヤマツツジ類に比べ、非常に小型（1cm以下）の葉をもつ、しかし花はコメツツジより大型である。名和名の由来はよくわかっていない。紀伊半島ではコメツツジと呼ぶ地域があるが、コメツツジは別に存在するため紛らわしい。＊全体に小型で貧弱あるために存在感が薄く、個体数もそれほど多くはない。変種として瀬戸内地方に分布するシロバナウンゼンツツジがある。

分布：本州（伊豆半島、紀伊半島）、四国（南東部）、九州（鹿児島県の一部）

ヤマツツジ亜属

ヤマツツジ類

22b シロバナウンゼンツツジ【Shirobana-unzen-tsutsuji 白花雲仙躑】

Rhododendron serpyllifolium (A. Gray) Miq. var. *albiflorum* Makino

(2016年4月22日　高知県安芸郡)

瀬戸内海を中心とした地域に分布し、基準変種のウンゼンツツジよりも雨量の少ない地域に生育する。識 樹形はウンゼンツツジより大型で、葉も長さ8–20mm、幅4–10mmと大きい。

コラム　種間雑種

　ツツジ属は同定が難しいと言われる。1つの理由はその種数の多さだが、もう1つの理由は種間雑種がよく見られるからだ。基本的には、ヤマツツジ類の中やミツバツツジ類の中など近縁な種間でしか雑種は形成されない。しかし親同士の近縁さゆえ、雑種を見つけた時にどの種なのか雑種なのかわからなくなる。雑種を判別する1つの方法は、1つの個体だけでなく複数の個体を観察することである。また、数性などが種の判別基準になる種があるが、1つの個体の中でも稀に変わり咲きする花もあるため、複数の花を観察することも必要である。

　この雑種形成は種同定を複雑にする厄介者ではあるが、進化を考える上では重要な過程であることが近年の研究で明らかになっている。ある例では、独立種だと思われていた種が雑種形成によって成立したことも判明している。このような研究の進展に伴い、種間では生殖隔離が存在すると定義された生物学的な種の概念を再認識する必要にも迫られている。（渡辺）

生 落葉低木（1–2m） 花 4月–5月

23a ミツバツツジ【Mitsuba-tsutsuji 三葉躑躅】

Rhododendron dilatatum Miq. var. *dilatatum*

ヤマツツジ亜属

ミツバツツジ類

岩場など日当たりの良い環境に生育する。（2010年4月14日 埼玉県飯能市）

葉は卵円形、長さ3–6cm、幅2.5–5cm。葉裏の下部は内側に巻く。

花は紅紫色、径約4cm。雄蕊は5本。花柄と子房には腺点が密生し粘る。

蒴果はゆがんだ円柱形、長さ8–10mm、腺点が散生する。萼片は目立たない。

関東地方〜東海地方の太平洋側の限られた山地に分布する。識 基準変種のミツバツツジは、雄蕊の数が他の変種や種とは異なり、これが大きな特徴となっている。他の変種の雄蕊は10本である。また、すべてのミツバツツジの変種は葉裏の下部が内側に巻く特徴をもつ。名 3枚の輪生葉が特徴的であることから。＊基準変種ミツバツツジの分布はそれほど広くなく、他の変種の方が広くて個体数も多い。ミツバツツジはいくつかの変種を含むが、これらの識別基準は雄蕊の本数、子房の毛や葉型となっている。

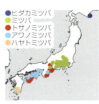

分布：北海道（南部）、本州（太平洋側）、四国、九州

23b ヒダカミツバツツジ【Hidaka-mitsuba-tsutsuji 日高三葉躑躅】
Rhododendron dilatatum Miq.var. *boreale* Sugimoto

(開花後の様子　2011年6月24日　北海道えりも町　撮影：渡辺洋一)

北海道日高地方のごく限られた場所に分布する（環境省レッドリスト、EN）。雄蕊が10本で葉裏に毛が散生する。葉は比較的大型だが、それ以外はトサノミツバツツジによく似ている。

23c トサノミツバツツジ【Tosa-no-mitsuba-tsutsuji　土佐三葉躑躅】
Rhododendron dilatatum Miq.var. *decandrum* Makino

(2016年4月20日　愛媛県篠山)

本州（紀伊半島）・四国の太平洋側に分布し、基準変種のミツバツツジとは分布をほぼ分けている。雄蕊が10本であることが基準変種との違いである。

23d アワノミツバツツジ【Awa-no-mitsuba-tsutsuji　阿波三葉躑躅】
Rhododendron dilatatum Miq.var. *lasiocarpum* Koidz. ex Hara

（2009年4月30日　徳島県名東郡）

本州（紀伊半島）・四国・九州の太平洋側に分布し、トサノミツバツツジと分布が重複している。識トサノミツバツツジに似ているが、子房に腺毛だけでなく長毛が混じるのが特徴。

23e ハヤトミツバツツジ【Hayato-mitsuba-tsutsuji　隼人三葉躑躅】
Rhododendron dilatatum Miq.var. *satsumense* Yamazaki

（2017年3月7日　鹿児島県鹿児島市）

鹿児島県の日当たりの良い岩場に生育する（環境省レッドリスト、CR）。識他の変種よりも開花期が早く、3月上旬から咲き始める。光沢のある皮質の葉も特徴。

生 落葉低木（1–2m） 花 3月–4月

24 ヒュウガミツバツツジ 【Hyuga-mitsuba-tsutsuji　日向三葉躑躅】
Rhododendron hyugaense (Yamazaki) Yamazaki

岩場など日当たりの良い環境に生育する。（2016年3月6日　宮崎県東諸県郡）

葉は卵状楕円形、長さ2–4cm、幅1–2.5cm。葉の表面は白色の長毛が長期間残る場合がある。また葉裏の下部は内側に巻く。

花は紅紫色、径3–4cm。雄蕊は10本。花柄と子房には腺点があり粘る。

自生地のほとんどが岩場に限られ、乾燥耐性が高い。本種の開花期は非常に早く、自生地では3月頃から開花する。識ナンゴクミツバツツジなど複数種が同所的に分布するが、本種は葉が細く、花期が早く、子房や花柄が粘るなどの特徴により他種から区別できる。名日向国（宮崎県）を中心とした地域の岩場に生育するため。当地ではイワツツジと呼ばれることもある。＊本種とアマクサミツバツツジ・タカクマミツバツツジは同じくらい葉が小型で共通点が多いが、後述の2種は希少種で自生地が限られている。

蒴果は卵円形、長さ7–9mm、腺点が散生する。萼片は小さく目立たない。

分布：九州

生 落葉低木（1〜2m）花 4月下旬〜5上旬 R EN

25 アマクサミツバツツジ【Amakusa-mitsuba-tsutsuji 天草三葉躑躅】
Rhododendron amakusaense (Takada ex Yamazaki) Yamazaki

ヤマツツジ亜属

ミツバツツジ類

天草地方の日当たりの良い岩場に生育する。（2017年4月21日 熊本県天草市）

葉は卵状楕円形、長さ 1.5〜3cm、幅 1〜1.5cm。葉の表面は白色の毛がわずかに宿存する。

花は紅紫色、径 3cm。雄蕊は 10 本。花柄と子房には腺点があり粘る。

蒴果は卵円形、長さ 5〜8mm、腺点が散生する。萼片は小さく目立たない。

分布が熊本県天草上島の山頂付近の岩場に制限されている。本種もヒュウガミツバツツジと同じように乾燥耐性が高いと思われる。識 葉はヒュウガミツバツツジ・タカクマミツバツツジに似て小型であり、本種の葉が類似種の中で最も小さい。葉は小型で細長く、花色は紅紫色である。分布が重複しているオンツツジは葉が大型で花色は朱色である。名 分布する天草地方に由来する。＊絶滅危惧種なのだが、自生地はオンツツジとの雑種個体ばかりで「純系」と呼べる個体は非常に少ない。そのほとんどは山頂部の岩場に分布が限られている。

分布：九州（熊本県天草上島）

生 落葉低木（1–2m） 花 4月–5月 R EN

26 タカクマミツバツツジ【Takakuma-mitsuba-tsutsuji　高隈三葉躑躅】
Rhododendron viscistylum Nakai

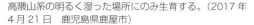
高隈山系の明るく湿った場所にのみ生育する。（2017年4月21日　鹿児島県鹿屋市）

葉は菱形状円形、長さ2–4cm、幅1.5–2.5cm。葉の表面は初期には長毛が散生するがのちに無毛。

花は紅紫色、径2.5–3cm。雄蕊は10本。花柄と子房には腺点があり粘る。
蒴果は狭卵形、長さ5–8mm、腺点が散生する。萼片は小さく目立たない。

高隈山の標高1000m以上の尾根筋や林内に生育する。識ヒュウガミツバツツジ・アマクサミツバツツジに似ているが、本種は展葉が完了した時期に開花する。同所的にキリシマミツバツツジが生育するが、葉形や子房・花柄の毛の有無で区別できる。名高隈山にのみ分布することから。＊生育地である高隈山系は雨の多い山で、他にもタカクマホトトギスなどこの地域の固有種が確認されている。同じく雨が多くウラジロミツバツツジの分布する尾鈴山系には、分布が尾鈴山系に制限されたキバナノツキヌキホトトギスが知られている。

分布：九州（鹿児島県高隈山）

生 落葉低木（1–4 m） 花 4月下旬–5月上旬 R VU

ヤマツツジ亜属

ミツバツツジ類

27 ウラジロミツバツツジ【Urajiro-mitsuba-tsutsuji 裏白三葉躑躅】
Rhododendron osuzuyamense Yamazaki

宮崎県中部の山地に生育する。（2017年5月8日　宮崎県都農町）

葉は卵円形、長さ 2–4 cm、幅 1.5–3cm。葉表は葉脈部分が凹み、葉裏は蝋白色を帯びる。葉の表面は無毛か褐色の毛がわずかに宿存する。

花は紅紫色、径 2.5–3 cm。雄蕊は 10 本。子房には腺毛が密生する。

蒴果は狭卵形、長さ 8–10mm、腺毛が散生する。萼片は小さく目立たない。

雨が多い山岳の尾根筋や明るい林内に生育する。識 葉裏が蝋白色を帯びることが特徴だが、新鮮でない葉はこの白色が失われる。同じような葉裏はヨウラクツツジ類にも見られる。コバノミツバツツジも葉型が似ていて同じく葉裏が白っぽいため紛らわしいが、コバノミツバツツジの葉裏は蝋白色ではなく白色の網状脈が目立つ。名 葉裏が白いことから。＊自生地は尾鈴山系と近くの国見山にのみ限られる。この地域にはミツバツツジ類が他にも分布しており（ヒュウガミツバ・ナンゴクミツバ・コバノミツバ）、雑種も見られるため同定が難しい。

分布：九州（宮崎県尾鈴山系、国見山）

生 落葉低木（1–3m） 花 4月下旬–5月上旬 R VU

28 ナンゴクミツバツツジ【Nangoku-mitsuba-tsutsuji　南国三葉躑躅】
Rhododendron mayebarae Nakai et Hara

九州の山地の林内に生育する。（宮崎県都農郡尾鈴山 2017年5月8日）

葉は菱形状円形、長さ 3–5 cm、幅 2–4 cm、微小な鋸歯がある。

花は紅紫色、径 2.5–3 cm。雄蕊は 10 本。子房には長毛が密生する。

蒴果はゆがんだ狭卵形、長さ 8–10mm、褐色の長毛が密生する。萼片は小さく目立たない。

宮崎県を中心とした地域に分布する。ヒュウガミツバツツジと分布が重複しているが、本種は薄暗い場所に多く、ヒュウガミツバツツジは明るい岩場などに多い。識キヨスミミツバツツジと非常に似ていて葉だけでは区別がつかない。果実に毛が密生するのが本種で、散生するのがキヨスミミツバツツジである。両種の分布は重複していない。名九州中南部（南国）に分布することから。同じく九州の固有種にサイゴクミツバツツジ（西国）もいる。＊キヨスミミツバツツジと非常に似ているが、系統的には離れた種のようである。

分布：九州（中～南部）

生 落葉低木（1–2m） 花 4月下旬–5月上旬

ヤマツツジ亜属

ミツバツツジ類

29 キヨスミミツバツツジ【Kiyosumi-mitsuba-tsutsuji　清澄三葉躑躅】
Rhododendron kiyosumense Makino

本州太平洋側の温暖湿潤な地域に生育する。（山梨県甲府市　2017年4月25日）

葉は菱形状円形、長さ2–5cm、幅1.5–3cm、微小な鋸歯がある。

花は紅紫色、径約3cm。雄蕊は10本。子房には淡褐色の長毛と白色の軟毛が密生する。

蒴果はゆがんだ円柱形、長さ8–12mm、褐色の長毛が散生する。萼片は小さく目立たない。

本州太平洋側の3地域（房総半島・静岡県周辺・紀伊半島）に隔離して分布する。房総半島と紀伊半島の自生地は限られている。識 本種は雄蕊が10本で果実には毛が散生するが、同所的に生育するミツバツツジ（紀伊半島ではトサノミツバツツジ）は雄蕊が5本（トサノミツバツツジは10本）で花柄や果実は腺点が多く粘つく。また、ミツバツツジは葉裏の下部が内側に巻く特徴があり、葉でも区別できる。名 千葉県の清澄山で発見されたことから。＊本種は分布の全域でミツバツツジと分布が重複していて、全域で雑種が確認されている。

分布：本州（関東〜近畿地方の太平洋側）

生 落葉低木（1–2m）花 5月下旬–6月上旬

ヤマツツジ亜属

ミツバツツジ類

30 トウゴクミツバツツジ【Togoku-mitsuba-tsutsuji　東国三葉躑躅】
Rhododendron wadanum Makino

本州太平洋側の寒冷な地域に分布する。（2016年5月29日　山梨県三ツ峠）

葉は菱形状円形、長さ4–7cm、幅3–5cm。葉表は葉脈部分が凹んで見える。葉裏の主脈下部や葉柄に淡褐色の軟毛が密生する。

花は紅紫色、径3–4cm。雄蕊は10本。子房には淡褐色の軟毛が密生する。花柱の下半分に腺毛がある。

蒴果は円柱形、長さ約1cm、褐色の長毛が密生する。萼片は小さく目立たない。

本州の太平洋側に分布の中心があり、ブナ帯以上の寒冷な場所に生育する。識ミツバツツジと分布が重複する地域があるが、ミツバツツジは果実や花柄に腺毛が多いのに対し、本種は葉柄や花柄に淡褐色の毛が密生する。また、ミツバツツジは雄蕊が5本だが、本種は10本である。名東日本に分布する種であるため。＊ダイセンミツバツツジの変種（ユキグニミツバツツジ）とは本州脊梁山脈を境として棲み分けているが、岐阜県や長野県では両種は同所的に出現している。そのような地域では雑種と思われるような個体ばかりで同定が非常に難しい。

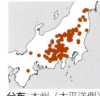

分布：本州（太平洋側）

生 落葉低木（1–2m）花 5月

ヤマツツジ亜属
ミツバツツジ類

31 ダイセンミツバツツジ【Daisen-mitsuba-tsutsuji　大山三葉躑躅】
Rhododendron lagopus Nakai

本州日本海側の多雪地を中心に分布する。（2012年5月28日　広島県庄原市）

葉は菱形状円形、長さ4–7cm、幅3–5cm。葉裏の主脈下部から葉柄にかけて軟毛が密生する。

花は紅紫色、径約4cm。雄蕊は10本。子房には淡褐色の軟毛が密生する。
蒴果はゆがんだ長卵形でやや湾曲し、長さ10–14mm、淡褐色の軟毛が密生する。萼片は小さく目立たない。

本州の日本海側に分布の中心があり、ブナ帯に多い。識トウゴクミツバツツジに似るが、本種とツルギミツバツツジは葉の下部にくびれがある。また、花柱の毛の有無でも区別できるが、トウゴクミツバツツジとユキグニミツバツツジの分布が重複している地域では雑種と思われる個体も多い。名鳥取県の大山で発見されたことから。＊葉柄に毛がないものを変種ユキグニミツバツツジ var. *niphophilum* (Yamazaki) Yamazakiとする意見もあるが、変異は連続的で本州中部では区別することが難しい。

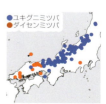

分布：本州（日本海側）

生 落葉低木（1–2m） 花 4月–6月

ヤマツツジ亜属

ミツバツツジ類

32 ツルギミツバツツジ【Tsurugi-mitsuba-tsutsuji　剣三葉躑躅】
Rhododendron tsurugisanense (Yamazaki) Yamazaki

四国の冷温帯〜亜寒帯の日当たりの良い環境に生育する。
（2005年4月28日　高知県大豊町　撮影：木原 浩）

葉は菱形状円形、長さ4–7cm、幅3–5cm。葉裏の主脈下部から葉柄にかけて軟毛が密生する。

花は紫色、径約3cm。雄蕊は10本。子房には淡褐色の軟毛が密生する。

蒴果は曲がった円柱形、長さ11–17mm、淡褐色の毛が密生する。萼片は小さく目立たない。

四国にのみ分布し、中央山地の標高が高い場所に多いが、稀に低標高帯の蛇紋岩地などにも出現する。識 ダイセンミツバツツジに似ているが、本種の葉はやや厚く、花はダイセンミツバツツジより濃い紫色である。名 剣山が基準標本産地であるため。＊ダイセンミツバツツジの変種とされることもあり、系統的にも非常に近縁な種である。葉柄に毛がないものをの変種アカイシミツバツツジ var. *nudipetiolatum* Yamazaki とする意見もあるが、変異は連続的で区別は難しい。

分布：四国

60

生 落葉低木（1–2m） 花 4月下旬–5月上旬

ヤマツツジ亜属 ミツバツツジ類

33a サイゴクミツバツツジ【Saigoku-mitsuba-tsutsuji　西国三葉躑躅】
Rhododendron nudipes Nakai var. *nudipes*

九州の山間部に分布する。（2017年4月23日　東京都小石川植物園）

葉は菱形状楕円形、長さ4–10cm、幅3–5cm。葉裏の主脈下部に軟毛が密生する。葉柄は無毛。

花は紅紫色、径3–4cm。雄蕊は10本。子房には淡褐色の軟毛が密生する。

蒴果は曲がった円柱形、長さ13–17mm、粗い毛が散生する。萼片は小さく目立たない。

九州の中央山地を中心に分布し、形態変異に富んだ種。識 ダイセンミツバツツジに似ていて花だけでは区別は難しく、両種を同一種として扱う意見もある。本種の葉は菱形状楕円形で葉柄は無毛であるのに対しダイセンミツバツツジは菱型状円形で葉柄は有毛である。ただし、これは基準変種に限った話で、変種のキリシマミツバツツジは葉柄が有毛で、ヒメミツバツツジ var. *gracilescens* (Nakai) Hara はダイセンミツバツツジと同じ菱形状円形である。名 九州（西国）に分布することから。＊2つの変種が認識されており、特に葉の形態に変異が見られる。

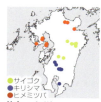

● サイゴク
● キリシマ
● ヒメミツバ
分布：九州

61

33b キリシマミツバツツジ 【Kirishima-mitsuba-tsutsuji　霧島三葉躑躅】
Rhododendron nudipes Nakai var. *kirishimense* Yamazaki

（2016 年 5 月 8 日　宮崎県えびの市）

九州南部の山地に分布し（環境省レッドリスト、VU）、特に霧島連山の尾根筋でよく見られる。葉の幅がサイゴクミツバツツジより広く、葉柄に毛がある。

コラム　日本ツツジ名山ベスト 12 コース❶

1：北海道・大雪山北海岳
キバナシャクナゲ、ヒメイソツツジ、イソツツジ、エゾツツジ、ムラサキヤシオツツジ。大雪山中央部に位置する北海岳の稜線付近でイソツツジとヒメイソツツジが並んで咲き、裾合平まで歩くと、キバナシャクナゲの大群落に囲まれる。

2：秋田県・駒ヶ岳
エゾツツジ、ムラサキヤシオツツジ、ウラジロヨウラク。日本のエゾツツジの分布南限。雪解けとともにムラサキヤシオツツジも咲く。

3：群馬県・赤城山長七郎山
アカヤシオ、シロヤシオ、トウゴクミツバツツジ。3 種類のツツジの開花は少しずつずれるが、ほぼ同時に咲く。特に小沼周辺のシロヤシオがすばらしい。鳥居峠から登り、小沼に下るコースがおすすめ。

4：東京都・神津島天上山
オオシマツツジ、ハコネコメツツジ、コウヅシマヤマツツジ（前述の 2 種の雑種）。オオシマツツジは白い砂地に浮かぶ島のようにはえ、赤い花が咲き美しい。3 種の花期は少しずつ違う。

（髙橋）

生 落葉低木（1–2m）花 5月 R VU

34 ヤクシマミツバツツジ【Yakushima-mitsuba-tsutsuji　屋久島三葉躑躅】
Rhododendron yakumontanum (Yamazaki) Yamazaki

屋久島の高標高帯に生育する。（2016年5月19日　鹿児島県屋久島）

葉は卵円形、長さ2–6cm、幅2–5cm。葉柄は無毛。

花は紅紫色、径約3.5cm。雄蕊は10本。子房は淡褐色の長軟毛が密生し、花柱の基部に長軟毛がある。

蒴果は湾曲した円柱形、長さ13–15mm、長毛が散生する。萼片は小さく目立たない。

屋久島の高標高（＞1700m）に位置する風衝低木林帯の岩場に生育する。同じ地域の固有種であるヤクシマシャクナゲに比べると個体数は非常に少なく、自生範囲も狭い。識 屋久島ではミツバツツジ類は本種とサクラツツジのみなので見分けは容易である。葉型はナンゴクミツバツツジに似て葉の下部が最も幅広くなるが、鋸歯はない。キリシマミツバツツジにも似るが、キリシマミツバツツジは葉柄に毛が密生する。名 屋久島の固有種であることから。＊近縁種は九州に分布するサイゴクミツバツツジと考えられる。

分布：屋久島

ヤマツツジ亜属　ミツバツツジ類

生 落葉低木（1–3m） 花 4月–5月上旬

35 コバノミツバツツジ【Koba-no-mitsuba-tsutsuji　小葉三葉躑躅】
Rhododendron reticulatum D. Don

西日本の暖温帯〜冷温帯まで幅広く分布する。（2017年4月10日　長崎県対馬）

葉は卵円形、長さ3–5cm、幅1.5–3cm。葉裏は白色を帯び、緑色の網状脈が目立ち、短毛が生える。

花は紅紫色、径約3cm。雄蕊は10本。子房には長毛が密生する。

西日本では二次林などで一般的に見られるミツバツツジで、1つの花芽に1つの花が含まれることが多いが、花付きが良いため花期は目立つ。識 葉の短い毛と葉裏の網状脈は特徴的で、学名の *reticulatum* は網状を意味する。名 葉が小さいことによるが、アマクサミツバツツジやヒュウガミツバツツジの方が葉はより小さい。＊九州には葉の下部にくびれがある個体が分布し、品種ツクシコバノミツバツツジ f. *glabrescens* (Nakai et Hara) Yamazaki として区別できる。こちらは1つの花芽に2つの花が含まれることが多いようである。

蒴果はゆがんだ円筒形、長さ8–12mm、褐色の剛毛もしくは縮れた長毛が密生する。萼片は小さく目立たない。

分布：本州、四国、九州、対馬

生 落葉低木〜亜高木（1–6m） 花 4月下旬–5月上旬

ヤマツツジ亜属

ミツバツツジ類

36 オンツツジ【On-tsutsuji 雄躑躅】
Rhododendron weyrichii Maxim.

赤色の花が特徴的な大型種。（2015年5月7日　高知県土佐郡）

葉は卵円形、長さ5–9cm、幅4–6cm。葉柄には淡褐色の長毛が密生する。

花は朱色、径4–5cm。雄蕊は10本。子房には褐色の長毛が密生する。蒴果はゆがんだ円柱形、長さ1–1.3cm、褐色の毛が密生する。萼片は小さく目立たない。

西日本に広く分布するソハヤキ要素植物の代表例として知られ、暖温帯〜冷温帯まで幅広く分布する。識 ミツバツツジ類で花が赤色なのは、他には6–7月に開花するアマギツツジのみである。葉は同所的に分布する他のミツバツツジ類よりも大型である。木も大型で、4–5mを超す個体も比較的多い。名 豪壮な樹形・花を男らしさ（オン＝雄）にたとえたと思われる。
＊分布の東端で確認されている花が紅紫色のものは品種ムラサキオンツツジ f. *purpuriflorum* Yamazaki としているが、これはキヨスミミツバツツジとの雑種系統である可能性がある。

分布：本州（紀伊半島）、四国、九州、韓国（済州島）

生 落葉低木（1–3m） 花 5月下旬–6月上旬 R VU

37 ジングウツツジ 【Jingu-tsutsuji　神宮躑躅】
Rhododendron sanctum Nakai

日当たりの良い蛇紋岩地に生育する。（2017年5月25日　三重県伊勢市）

葉は菱形状円形、長さ4–6cm、幅3–5cm。葉は厚く、表面に長毛が散生し長期間残る。葉柄や当年枝には灰白色の軟毛が密生する。

花は紅紫色、径3–4cm。雄蕊は10本。子房には長毛が密生する。

蒴果はゆがんだ円柱形、長さ1–1.5cm、褐色の長毛が密生する。萼片は小さく目立たない。

重金属濃度が高い特殊な地質である蛇紋岩地に固有な種。識 近縁なオンツツジより花期が1か月ほど遅く、展葉が完了した5月下旬から咲き始める。名 伊勢神宮の裏山の蛇紋岩地で発見されたため。神聖な (sanctum) という意味の学名が充てられている。＊愛知・静岡県に分布する、葉がやや大きいものをシブカワツツジ var. *lasiogynum* Nakai とする見解もあるが、変異があり区別は難しい。ただし、DNA解析の結果から、散在する蛇紋岩地の分布に対応するようにジングウツツジは地域間で大きく遺伝的に分化していることが明らかになっている。

分布：本州（東海地方）

生 落葉亜高木（2–6m） 花 6月–7月 R EN

38 アマギツツジ【Amagi-tsutsuji　天城躑躅】
Rhododendron amagianum Makino

梅雨時の人目の少ない時期に開花する大型種。（2017年6月24日　静岡県天城山）

葉は菱形状円形、長さ5–10cm、幅4–9cm。葉は厚く、表面に長毛が散生し長期間残る。葉柄や当年枝には毛が密生する。

花は赤色、径約5cm。雄蕊は10本。子房には淡褐色の毛が密生する。

蒴果はゆがんだ円柱形、長さ1.5–2cm、褐色の長毛が密生する。萼片は目立たない。

伊豆半島の冷温帯の限られた範囲に分布する。おおよそ標高1000m付近に多く、それ以上の標高ではトウゴクミツバツツジに置きかわる。識 ミツバツツジ類の中では開花期が最も遅く、梅雨時6月下旬–7月上旬の展葉が完了した時期に開花する。また、樹形が大型であるだけでなく、葉も非常に大型（10cm近く）である。側所的にトウゴクミツバツツジも分布するが、葉の大きさと花期が異なる。名 基準産地が天城山地であることに因む。＊分布が限られた希少種で、系統的に古く遺存的な種であると考えられる。

分布：本州（静岡県伊豆半島）

ヤマツツジ亜属

ミツバツツジ類

生 常緑低木（1–3m） 花 1月–5月

39 サクラツツジ【Sakura-tsutsuji　桜躑躅】
Rhododendron tashiroi Maxim.

南西日本の温暖で多雨な地域に多い。（2016年5月19日　鹿児島県屋久島）

葉は倒卵状楕円形、長さ2–7cm、幅1–2.5cm。基部に向かって細くなる。

花は白色〜淡紅紫色、径約4cm。雄蕊は10本。子房には長毛が密生する。

蒴果はゆがんだ円柱形、長さ1–1.3cm。褐色の長毛が密生する。萼片は目立たない。

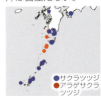

年平均気温の高い地域に生育するが、最も個体数が多い屋久島では標高1500m以上の冷涼なスギ帯上部まで出現する。識花が白〜淡紅紫色で、完全な常緑性のミツバツツジ類は他に存在しないので見分けやすい。セイシカにも似るが、本種の春葉は枝先に3枚である。名花が桜色であることに因む。＊花冠の斑点の量に地域変異があり、北は薄く南に向かうにつれ濃くなる。また、屋久島は白色の花が多いが、奄美や沖縄は淡紅紫色の花が多い。薩摩半島〜トカラ諸島には変種アラゲサクラツツジ（別名ケサクラツツジ）var. *lasiophyllum* Hatusima が分布する

分布：四国（高知県の一部）、九州（佐賀県・鹿児島県の一部）、南西諸島（屋久島〜沖縄本島）

生 落葉低木（1–2m） 花 5月–6月

40 コヨウラクツツジ【Ko-yoraku-tsutsuji 小瓔珞躑躅】
Rhododendron pentandrum (Maxim.) Craven

花は他のヨウラクツツジ類に比べ地味。（2016年5月31日　長野県八ヶ岳）

葉は楕円形、長さ 1.5–5cm、幅 1–2.5 cm。表面や縁に粗い毛が生え、葉裏は緑白色。

花は壷型、浅く 3–5 裂する。花筒は長さ 5–6mm、赤褐色、反り返った先端は黄緑色。

蒴果は球形、長さ 3–4 mm、腺毛が散生する。萼片は皿型、約 2mm。

最も広い分布をもつヨウラクツツジ類で、北は樺太までの広い範囲の冷温帯～亜寒帯森林に生育する。識葉は一見すると他のヨウラクツツジ類よりもヤマツツジに似ている。しかし、ヨウラクツツジは葉の縁に 1mm ほどの毛が密生する点がヤマツツジと異なる。名ヨウラクツツジ類の中では小型の花を咲かせるため。＊ヨウラクツツジ類は従来別属 *Menziesia* Sm. として扱われてきたが、DNA 配列による系統解析によってツツジ属に含まれることがわかった。系統的にはヤマツツジ類・ミツバツツジ類・ヤシオ類に近縁である。

分布：北海道、本州、四国、九州（標本データなし）、千島、樺太

生 落葉低木（1m） 花 5月–6月 R VU

41 ヨウラクツツジ 【Yoraku-tsutsuji　瓔珞躑躅】
Rhododendron kroniae Craven

山岳地帯の岩場など明るい環境に生育する。（2017年6月17日　大分県竹田市）

葉は楕円形、長さ2–5cm、幅1–2.5cm。葉裏は蝋白色を帯びる。

花は筒状鐘形、先は4裂する。花筒は長さ約1cm、筒部が淡紅紫色、先端が濃紅紫色。雄蕊は8本。

蒴果は球形、長さ3–4mm、無毛もしくは白色の短毛がある。萼片は長楕円形、長さ3–4mm。

分布：九州（北部山岳地帯）

九州中北部の脊梁山脈を中心とした地域に分布する。識 ヨウラクツツジ類は見慣れていないと別属のドウダンツツジ属と見間違えるかもしれないが、同じツツジ科でも系統的に大きく離れている。ドウダンツツジ属は、葉に鋸歯があり大型の樹形である。名 瓔珞（ヨウラク）とは仏教で使用される装飾具で、1つの花軸の先に複数の花が垂れて咲く様子がこれに似ているためと思われる。＊葉裏が白い形質はヨウラクツツジ類やウラジロミツバツツジなどで見られる。この形質は湿潤な環境に生育する種がもつことが多く、何らかの役割があるのかもしれない。

生 落葉矮性低木（1m以下） 花 5月-6月 R EN

42 ヤクシマヨウラクツツジ【Yakushima-yoraku-tsutsuji 屋久島瓔珞躑躅】
Rhododendron yakushimense (M.Tash. et H.Hatta) Craven

ヤマツツジ亜属

ヨウラクツツジ類

屋久島高標高地帯の岩場に生育する。（2001年5月10日　鹿児島県屋久島　撮影：永田芳男）

葉は楕円形、長さ2-4cm、幅1-2cm。葉裏は蝋白色を強く帯びる。

花は筒状鐘形、先は4裂する。花筒は長さ1-2cmで、全体が淡紅紫色。雄蕊は8本。蒴果は球形、長さ約4mm、白色の短毛が散生する。萼片は楕円形、長さ3-6mm。

屋久島山頂部の風当たりの強い岩場に生育する希少種で、登山道からはほとんど見ることができない。識 近縁なヨウラクツツジより花が大型で、本種は花全体が淡紅紫色を帯びる。また、葉裏が明瞭な白色である。名 屋久島にのみ生育することに由来する。＊花は日本のヨウラクツツジ類の中で最も大型で、かつ美しい淡紅紫色のため観賞価値がヨウラクツツジ類の中では高いが、屋久島高標高部の山頂周辺の岩場にしか生育しておらず個体数は少ない。また、栽培が難しいようである。

分布：屋久島

生 落葉低木（1–2m） 花 6月–7月 R CR

43 ゴヨウザンヨウラク【Goyozan-yoraku　五葉山瓔珞】
Rhododendron goyozanense (M.Kikuchi) Craven

葉は楕円形、長さ1.5–4.5cm、幅0.8–2.5cm。葉の表面に2列の毛が並ぶ。葉裏は蝋白色を帯びる。

花は筒状鐘形、先は4裂する。花筒は長さ1–2cmで、基部は黄緑色、先端は紅色を帯びる。雄蕊は8本。蒴果は卵円形、3–4mm、無毛。萼片は円形、長さ約3mm。

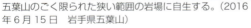

五葉山のごく限られた狭い範囲の岩場に自生する。（2016年6月15日　岩手県五葉山）

極めて限られた狭い範囲に少数個体が残存している絶滅危惧種。識 花筒はウスギヨウラクに似るが、下部が黄緑色、上部は紅色で異なる。また、葉の表で主脈の両側に毛が1列ずつ並ぶ点が特徴的である。同所的には近縁種のコヨウラクツツジが生育するが、コヨウラクツツジは葉の全体に毛がある。名 五葉山にのみ生育することに由来する。＊個体数が非常に少なく、個体数は数十〜数百個体ほどと見積もられている。また、遺伝的多様性も近縁種に比べ非常に低いことが判明している。

分布：本州（岩手県五葉山）

生 落葉低木（1–2m）花 4月–6月

44 ウスギヨウラク 【Usugi-yoraku　薄黄瓔珞】
Rhododendron benhallii Craven

ヤマツツジ亜属

ヨウラクツツジ類

冷涼な地域の林内や林縁に生育する。（2010年4月18日　岐阜県中津川市）

葉は楕円形、長さ2–5cm、幅1–2.5cm。葉裏は蝋白色を帯びる。

花は筒形、先は5裂する。花筒は長さ1.2–1.5cm、黄緑色。雄蕊は10本。
蒴果は球形で長さ4–5mm。萼片は皿形、長さ約2mm、縁に長毛が見られる。花柄にも長い腺毛が散生する。

冷涼な地域の林内や林縁に生育する。識葉はウラジロヨウラクに似るが、本種の方が幅が狭い。また、花色が異なるので花期は区別が容易である。名薄黄色が美しいヨウラクツツジであることに由来する。別名のツリガネツツジは、鐘状の花が下を向いて咲く様子を表している。＊ヨウラクツツジ類は種間の棲み分けが比較的明瞭で、（広域分布種であるコヨウラクツツジを除いて）複数種を同所的に見ることは少ない。ウスギヨウラクとウラジロヨウラクは本州中部を境として棲み分けているようである。

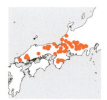

分布：本州（中部以西）、四国（徳島県）

ヤマツツジ亜属

ヨウラクツツジ類

生 落葉低木（1–2m）花 5月–7月

45a ウラジロヨウラク【Urajiro-yoraku　裏白瓔珞】

Rhododendron multiflorum (Maxim.) Craven var. *multiflorum*

東日本の冷温帯環境に広く生育する。（2017年7月19日谷川岳）

葉は楕円形、長さ2–6cm、幅1.5–3.5cm。葉裏は蝋白色を帯びる。葉の表面はほぼ無毛。

花は狭鐘形、先は5裂する。花筒は長さ11–14mm、紅紫色。雄蕊は10本。

蒴果は球形、長さ3–4mm。無毛。萼片は皿形で長さ約2mm。

東日本の山地では比較的よく見られる種で、標高1000m以上の日当たりの良い湿った場所に生育している。識葉や花色はヨウラクツツジ、ヤクシマヨウラクツツジに似るが、本種の花は花筒の先端がすぼんでいて、ヨウラク・ヤクシマヨウラクは先端が鐘状に開いている。また、本種は花が5裂する。名葉裏が白いことに由来するが、ヨウラクツツジやヤクシマヨウラクツツジの方がより白い。＊萼片が長いものをガクウラジロヨウラクとして区別するが、萼片の長さは連続的であり、ウラジロヨウラクに萼片がないわけではない。

●ガクウラジロ
●ムラサキツリガネ
●ウラジロ

分布：本州（東北地方～中部地方）

45b ガクウラジロヨウラク 【Gaku-urajiro-yoraku 萼裏白瓔珞】
Rhododendron multiflorum (Maxim.) Craven var. *longicalyx* Kitamura

(2009年6月27日　秋田県八幡平)

北海道（南部）、本州（東北地方〜中部地方北部）に分布する変種で、東北地方に多く見られる。識長く伸びる萼片が特徴的で、5–9mmほどに伸びている。

45c ムラサキツリガネツツジ 【Murasaki-tsurigane-tsutsuji 紫釣鐘躑躅】
Rhododendron multiflorum (Maxim.) Craven var. *purpureum* (Makino) Craven

(2016年5月29日　山梨県都留市)

富士山周辺〜箱根にかけての限られた山地に分布する変種（環境省レッドリスト、VU）。識葉の表面に粗い毛がやや密に生え、花筒はウラジロヨウラクよりやや長く 14–16mm。

生 落葉亜高木（2-6m） 花 4月上旬-5月下旬 R NT

46a ツクシアケボノツツジ【Tsukushi-akebono-tsutsuji　筑紫曙躑躅】
Rhododendron pentaphyllum Maxim. var. *pentaphyllum*

四国の一部と九州に分布する。（2016年4月20日　愛媛県篠山）

葉は広楕円形、長さ 2-5cm、幅 1.5-3cm。葉柄や葉縁の長毛が目立つ。

花は淡紅紫色、径 5-6cm。雄蕊は 10 本。

蒴果は太い円柱形、長さ 1.5-2cm。無毛。萼片は 1-2mm の三角もしくは披針形。

山地の岩場のような日当たりの良い場所に生育する大型の種。場所によっては密生し花期は美しいため、各地に本種の名山がある。識 大型の種で葉が5枚である。シロヤシオと葉形は似ているが、本種は葉縁と葉柄の長毛が目立つ。名 アケボノ（曙）は、美しい淡紅紫色を朝焼け空の色にたとえたもの。ツクシ（筑紫）は、九州地方の古名に由来する。学名は、シロヤシオと同じく枝先の葉が5枚であることに由来し、5を意味する penta が用いられている。＊3変種が認識されており、それぞれは花糸の毛の有無で区別されている。

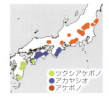

分布:本州（太平洋側）、四国、九州

46b アケボノツツジ 【Akebono-tsutsuji　曙躑躅】
Rhododendron pentaphyllum Maxim. var. *shikokianum* Yamazaki

（2017 年 5 月 26 日　奈良県大台ヶ原）

紀伊半島〜四国にかけて分布する変種。識ツクシアケボノツツジの花糸は無毛であるのに対し、本変種は、10 本の雄蕊の花糸のうち、5 本の花糸の下半分に毛が密生する。

46c アカヤシオ 【Aka-yashio　赤ハ汐】
Rhododendron pentaphyllum Maxim. var. *nikoense* Komatsu

（2017 年 5 月 16 日　群馬県赤城山）

本州の紀伊半島〜関東地方にかけて分布する変種。識本変種は、10 本の雄蕊の花糸の内、5 本の花糸の下半分と残りの 5 本の花糸の基部のみに毛が密生する。

生 落葉亜高木（2–6m） 花 5月上旬–6月

47 シロヤシオ 【Shiro-yashio　白八汐】
Rhododendron quinquefolium Bisset et Moore

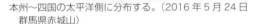
本州～四国の太平洋側に分布する。（2016年5月24日 群馬県赤城山）

葉は卵状菱形、長さ2–4cm、幅1.5–3cm。葉裏の主脈基部には白毛が密生する。

花は白色、径3–4cm。雄蕊は10本。蒴果はゆがんだ円柱形、長さ1–1.5cm、無毛。萼片は1–4mmの三角もしくは披針形。

白色の花が目立つが、葉も展開していることが多いため緑とのコントラストが目立つ大型の種。識 同じ5葉をもつツクシアケボノツツジ類と異なり、シロヤシオは芽鱗の一部が長く伸びる。花期であれば、2種の花色は異なるため区別は容易である。名 白い花を咲かせるヤシオ類であるため。枝先の葉の基本数が5枚であるためゴヨウツツジとも呼ばれる。学名のquinqueは5の意味をもつ。＊シロヤシオはアケボノツツジ類と分布が重複して同所的に2種が見られる山は多い。ただし、2種の開花重複期間が短いために同時に花を見ることはあまりない。

分布：本州（太平洋側）、四国

生 落葉低木（1–2m） 花 5月上旬–6月

48 ムラサキヤシオツツジ【Murasaki-yashio-tsutsuji　紫八汐躑躅】
Rhododendron albrechtii Maxim.

ヤマツツジ亜属

ヤシオ類

本州以北の多雪地に分布する。（2010年6月26日　秋田県八幡平）

葉は倒卵形、長さ4–11cm、幅3–6cm。葉の両面に剛毛が散生し、縁には先が毛となる微細な鋸歯がある。

花は鮮紅紫色、径約4cm。雄蕊は10本。

蒴果は長卵形、長さ8–10mm、淡褐色の腺毛が密生する。萼片は皿型で小さく目立たない。

北海道〜本州の多雪地の比較的明るい林内に生育し、早春の残雪期、他の落葉樹が展葉している時期に開花する。識 葉の形態は一見レンゲツツジに似ているが、レンゲツツジは葉が細長く、本種は幅広い。花はユキグニミツバツツジに似るが、本種は花冠の斑点が目立ち、白毛がやや密生する。名 紫色系の花を咲かせるヤシオ類であるため。ヤシオ（八汐）には深みのある色の意味があり、本種の花色は赤ワインの色ような深み・多彩さがある。＊ヤシオと呼ばれる種類（シロヤシオ・アカヤシオ・ムラサキヤシオ）は系統的にも比較的近い仲間である。

分布：北海道、本州（東北〜北陸地方）

生 落葉低木（1–2m） 花 7月下旬–8月上旬

49 オオバツツジ 【Oba-tsutsuji　大葉躑躅】
Rhododendron nipponicum Matsumura

大型の葉に対して、目立たない小型の乳白色の花を咲かせる。（2017年7月20日　群馬県みなかみ町）

葉は落葉性のツツジの中では大型で長さ7–15cm、幅5–8cm。

花は筒状鐘形、黄白色。長さ約15mm、幅8–10mm。雄蕊は10本。

蒴果は長楕円形、長さ10–12mm、腺毛がやや密に生える。萼片は三角状卵形、長さ2–3mm。

本州日本海側の多雪地に分布する。自生地の多くは北アルプスや越後山脈などの高標高域で、目にする機会は限られている。白馬八方尾根、谷川岳、至仏山などの蛇紋岩地帯には特徴的に出現する。識葉形はムラサキヤシオにも似るが、落葉性のツツジの中では非常に大型である。葉は大型であるが、花はヨウラクツツジ類のような小型の筒状で目立たない。名大型の葉をもつことから。＊分布範囲は広いが個体数が少なく、各県版レッドリストで絶滅危惧種や準絶滅危惧種に指定されている。

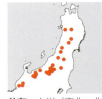

分布：本州（東北～北陸地方の日本海側）

生 落葉低木（1m） 花 6月-7月

ヤマツツジ亜属

50 バイカツツジ【Baika-tsutsuji　梅花躑躅】
Rhododendron semibarbatum Maxim.

花は目立ちにくく梅雨時にひっそりと咲く。（1998年6月11日　栃木県日光市　撮影：永田芳男）

葉は楕円形、長さ2.5–4cm、幅1.5–2.5cm。葉の縁には細かい鋸歯がある。葉柄に腺毛があり少し粘る。

花は皿形に平開し白色、幅1.5cm。雄蕊は5本。花冠の基部に赤色の斑点がある。
蒴果は球形、長さは約4mm、腺毛があり少し粘る。萼片は小さく目立たない。

林内の湿った薄暗い場所に生育することが多く、存在感の薄い種。識 葉の形態はトキワバイカツツジに似るが、本種は落葉性である。ツツジ属は花冠の一部に斑点がある種がいくつかあるが、本種は平開する花冠の一部ではなく、雌蕊・雄蕊を一周するように花冠の基部に赤色の斑点がある。名 花がウメの花に似ることに由来するが、雰囲気だけであまり似ていない。＊ ヤマツツジと同じく広範な分布をもつ日本固有種である。従来の分類では本種のみからなる独立した亜属を構成するほど形態的に似た種が存在しない。

分布：北海道（渡島半島の一部）、本州、四国、九州、屋久島

生 常緑低木（2–3m） 花 4月下旬–5月 R EN

51 トキワバイカツツジ【Tokiwa-baika-tsutsuji　常磐梅花躑躅】
Rhododendron uwaense Hara et Yamanaka

愛媛県宇和島市のごく限られた地域にのみ分布する。
（1990年4月21日　愛媛県宇和島市　撮影：永田芳男）

葉は狭卵形、長さ2.5–5cm、幅1–2cm。葉の両面は無毛。葉柄には短毛がある。

花は淡紅紫色、径3–4cm。雄蕊は5本。

蒴果は楕円形、長さは約5mm、腺毛が生える。萼片は卵形、長さ3–4mm。

小型の葉をもつ特徴的な常緑性種だが、分布は1か所に限られている。識葉の形はバイカツツジに似るがバイカツツジは落葉性である。本種の花の形は典型的なツツジ類の形なのでバイカツツジとの区別は容易である。名和名は常緑（常磐）でバイカツツジに似た種であることから。学名の *uwaense* は発見された地域（宇和島）に基づく。＊近縁種は大陸に分布する *R. ovatum* (Lindl.) Planch. ex Maxim. で、非常に似ている。トキワバイカツツジの仲間は中国では馬銀花と呼ばれ、約8種が中国南部の広い範囲に分布している。

分布：四国（愛媛県の一部）

🌱 落葉低木（1–2m） 🌸 5月下旬–6月下旬

52 レンゲツツジ【Renge-tsutsuji 蓮華躑躅】
Rhododendron japonicum (A. Gray) Suringer

シャクナゲ亜属

寒冷な地域の日当たりの良い場所に生育する。（2016年6月4日　山梨県北杜市）

葉は倒披針状長楕円形、長さ4–8cm、幅1.5–3cm。葉の表面や裏面主脈上に剛毛が生える。

花は朱橙色、径5–6cm。雄蕊は5本。

蒴果は円柱状、長さ1.5–3cm、剛毛が生え、子房室を分ける溝が目立つ。萼片は不揃いで、狭卵形または披針形、長さは1.5–4mm。

寒冷な山岳に見られる低木で、1個の花芽から多くの花を咲かせるため花期はシャクナゲ類のように豪華に見える。識花色はヤマツツジにも似た朱色系だが、花付きの良さはヤマツツジなど他の落葉性のツツジ類にない特徴である。葉は細長く、分布が重複しているムラサキヤシオとはこの点で区別できる。名大きく美しい花を蓮華に見立てたと考えられる。＊花色に濃淡があり、黄色系の花を咲かせるものを品種キレンゲツツジ f. *flavum* Nakai として区別するが数は多くない。ツツジ属は花を食用とする種があるが本種は有毒で、牛や鹿などは本種を食べない。

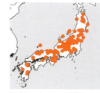

分布：本州、四国（一部）、九州

生 常緑矮性低木（1m以下） 花 6月–7月

53 キバナシャクナゲ 【Kibana-syakunage 黄花石楠花】
Rhododendron aureum Georgi

北海道〜本州中部にかけての限られた高山に分布する。
（2016年7月14日　北海道大雪山）

葉は楕円形、長さ2–6cm、幅1–2cm。葉は両面ともに無毛。

花は淡黄色、径約3cm。雄蕊は10本。子房には短い軟毛が密生する。

蒴果は長楕円形、長さ1–1.5cm、短毛が生える。萼片は小さく目立たない。

日本の極寒な地域に分布する高山植物で、強風を伴う過酷な環境に生育するためか匍匐している矮性の個体が多い。識 葉は小型で葉裏は無毛。ハクサンシャクナゲに似るが、ハクサンシャクナゲは葉がより大きい。また、花色が異なるため開花期は識別が容易。キバナは高山帯、ハクサンは亜高山帯と境界は不明瞭だが棲み分けている。名 和名は薄黄の花が咲くことに因む。
＊日本では中部山岳以北の高山帯に分布が限られている。大陸に分布の中心がある種で、極東ロシアや北朝鮮などの山岳に広く分布する。

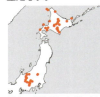

分布：北海道,本州（中部山岳地域）、ロシア（極東）、北朝鮮、中国（東北部）

生 常緑低木（1-2m）花 6月上旬-8月上旬

54 ハクサンシャクナゲ【Hakusan-syakunage　白山石楠花】
Rhododendron brachycarpum D. Don ex G. Don.

森林限界付近の森林内と風衝地に生育する。（2016年7月14日　北海道大雪山）

葉は長楕円形、長さ6-14cm、幅2.5-4.5cm。葉表は無毛、葉裏は無毛もしくは露滴状毛が密生する。

花は個体や開花段階によって白～淡黄白～淡紅など変異がある、径3-4cm。雄蕊は10本。子房は軟毛が密生する。

蒴果は円柱形、長さ1.5-2cm、褐色の短毛が密生する。萼片は小さく目立たない。

本州中部地方以北の亜高山環境を代表する種で、高標高の山ではよく見られる。識 アズマシャクナゲと混生する地域があるが、アズマシャクナゲは葉裏の褐色の綿状毛が特徴的で、葉の基部では葉縁がゆるやかに葉柄とつながる。一方で、ハクサンシャクナゲは葉の基部と葉柄の境が明瞭である。名 石川県・岐阜県に跨る白山の名が冠せられた高山植物の1つである。＊日本のシャクナゲ類には中国南部に起源をもつ種群と中国北部・ロシアに起源をもつ種群に分けることができるが、本種とキバナシャクナゲは後者に相当すると考えられる。

分布：北海道、本州（東北～中部地方）、四国（一部）、ロシア（千島列島）

シャクナゲ亜属　シャクナゲ類

生 常緑低木（2–4m） 花 5月上旬–6月上旬

55a アズマシャクナゲ 【Azuma-syakunage　東石楠花】
Rhododendron degronianum Carrière var. *degronianum*

東日本の代表的なシャクナゲ類。（2016年5月25日 群馬県黒斑山）

葉は長楕円形、長さ5–15cm、幅1.5–3.5cm。先は尖り、基部はくさび型。葉裏は褐色の綿状毛が密生する。

花は紅紫色、径4–5cm、花冠は5裂する。雄蕊は10本。子房には長毛が密生する。蒴果は円柱形、長さ1.5–2cm。子房室は5室。褐色の長毛が散生する。萼片は小さく目立たない。

東北南部～関東地方にかけて見られるシャクナゲ類。識 ツクシシャクナゲとの最大の違いは数性で、アズマシャクナゲは花冠が5裂し、ツクシシャクナゲは7裂する。この数性の違いは雄蕊の本数と子房室の違いにも現れている。ただし、ツクシシャクナゲの変種であるキョウマルシャクナゲの数性は本種と同一である。名 東日本に広く分布することから。＊ツクシシャクナゲとはおよそ分布を分けている。また、ツクシシャクナゲをアズマシャクナゲの亜種にするという意見もある。

分布：本州（東部）

55b アマギシャクナゲ 【Amagi-syakunage　天城石楠花】

Rhododendron degronianum Carrière var. *amagianum* (Yamazaki) Yamazaki

(2017 年 5 月 17 日　静岡県天城山)

本州（伊豆半島の一部）に分布する。静岡県の伊豆半島にのみ分布が知られた変種。葉裏の綿状毛は短く薄茶色であるが、アズマシャクナゲとの違いは不明瞭である。

コラム　日本ツツジ名山ベスト 12 コース ❷

5：長野県・唐松岳八方尾根

オオコメツツジ、ハクサンシャクナゲ、オオバツツジ、ウラジロヨウラク。八方尾根を歩くだけでツツジとそれ以外の高山植物が多く見られる。山小屋で 1 泊する必要があるが、唐松岳山頂まで登れば、登山も楽しい。

6：静岡県・天城山

アマギシャクナゲ、アマギツツジ、トウゴクミツバツツジ。アマギシャクナゲは万二郎岳の山頂付近とその下の山腹に多い。天城の名がある 2 つのツツジは別の季節に咲くので、両方を見るためには 2 度登る必要がある。

7：奈良県・大台ケ原

ツクシシャクナゲ、アケボノツツジ、トサノミツバツツジ、ウスギヨウラク。シオカラ谷南側にツクシシャクナゲの群落がある。アケボノツツジは大蛇嵓（だいじゃぐら）周辺に多い。山頂周遊も良いが、大杉谷に下ると、さらに花も見られる。

8：愛媛、高知県・篠山

ツクシアケボノツツジ、トサノミツバツツジ。登山口から約 1 時間で登ることができる。山頂付近はツクシアケボノツツジの群落になっており、桃源郷のよう。

（髙橋）

生 常緑低木（2-4m）花 4月下旬-6月上旬

56a ツクシシャクナゲ【Tsukushi-syakunage　筑紫石楠花】
Rhododendron japonoheptamerum Kitamura var. *japonoheptamerum*

西日本の山地に見られ、花期は非常に存在感がある。
（2017年5年26日　奈良県大台ヶ原）

葉は長楕円形、長さ5-16cm、幅1.5-5cm。先は尖り、基部はくさび型。葉裏は褐色の綿状毛が密生する。

花は紅紫色、径4-5cm、花冠は7裂する。雄蕊は14本。子房には長毛が密生する。

蒴果は円柱形、長さ約2cm、褐色の長毛が散生する。子房室は7室。萼片は小さく目立たない。

中部地方以西に広く見られるシャクナゲ。西日本で見られるシャクナゲは、基本的に本種である。識 ツクシシャクナゲの数性は特異で、他のシャクナゲ類は5数性であるのに対し本種だけは7数性である。名 九州の古名としての筑紫に由来すると思われる。＊3つの変種が認められている。これらは葉裏の毛や数性の違いで区別される。ホンシャクナゲは分布が広く、ツクシシャクナゲと分布が重複している地域があるため同定に注意が必要である。中国や台湾の温帯域に比べると、日本列島ではシャクナゲ類の種数はそれほど多くはない。

分布：本州（西部）、四国、九州

56b ホンシャクナゲ【Hon-syakunage　本石楠花】
Rhododendron japonoheptamerum Kitamura var. *hondoense* (Nakai) Kitamura

（2012年5月7日　滋賀県蛇谷ヶ峰）

西日本に広く分布する。識ツクシシャクナゲとの違いは葉裏の綿状毛の有無で、本変種は無毛。ホンシャクナゲに似て葉が薄くやや幅が広いものを、変種オキシャクナゲ var. *okiense* Yamazaki として区別する。

56c キョウマルシャクナゲ【Kyomaru-syakunage　京丸石楠花】
Rhododendron japonoheptamerum Kitamura var. *kyomaruense* (Yamazaki) Kitamura

（2017年6月11日　長野県南木曽山）

長野県・静岡県の一部に分布する(レッドリスト、VU)。識花冠が5裂し、雄蕊は10本、子房室が5室とされている。ただし変異があり、これらの数がホンシャクナゲとの中間の6となる個体も知られている。

生 常緑低木（1–2m）花 5月 R VU

57 エンシュウシャクナゲ【Ensyu-syakunage　遠州石楠花】
Rhododendron makinoi Tagg ex Nakai

東海地方の日当たりの良い岩場に生育する。(2016年5月14日　静岡県浜松市)

葉は狭長楕円形、長さ7–18cm、幅1–2cm。葉裏は綿状毛が厚く密生する。

花は紅紫色、径4–5cm。雄蕊は10本。子房には褐色の毛が密生する。

蒴果は円柱形、長さ10–15mm、褐色の毛が密生する。萼片は小さく目立たない。

伊勢湾東岸の中央構造線地域の岩場に分布する。識 葉が非常に細いこと、葉裏に褐色の綿毛が密生することで他のシャクナゲ類と容易に区別できる。名 静岡県の遠州地方で発見されたことによる。しかし、自生の中心は接する愛知県側にある。別名はホソバシャクナゲで、種の実体をよく表している。＊他のシャクナゲ類と異なり、非常に限られた地域の日当たりの良い岩礫地に生育する。細長い葉は強光と乾燥に耐えるための表現型であると考えられ、日差しが強すぎる場所ではしばしば葉の縁が内側に巻き、筒状に見える。

分布：本州（愛知県・静岡県の一部）

生 常緑低木（1–2m） 花 5月–6月

58 ヤクシマシャクナゲ【Yakushima-syakunage 屋久島石楠花】
Rhododendron yakusimanum Nakai

シャクナゲ亜属

シャクナゲ類

屋久島高標高部に分布する。（2016年5月19日 鹿児島県屋久島）

葉は楕円形、長さ5–10 cm、幅2–3 cm。表面は無毛で葉裏に綿状毛が厚く密生する。

花は白色～淡紅色、径4–5 cm。雄蕊は10本。子房には長毛が密生する。
蒴果は円筒形、長さ15–25mm、褐色の毛が密生する。萼片は小さく目立たない。

屋久島高標高部の風衝帯に分布する種で、高木の少ないササ地に点在するため開花期でなくても目立つ。識 近縁種はツクシシャクナゲと思われるが、両種は花色が異なり分布も分かれている。また、本種は葉裏の毛層が非常に厚い。名 屋久島に固有であるため。＊変種としてオオヤクシマシャクナゲ var. *intermedium* (Sugimoto) Yamazaki が認識されていて、両変種の違いは葉の大きさと葉裏の毛の量である。2変種の分布は屋久島の標高帯に対応しておおよそ2分することができるが、両変種の中間型も存在することからその区別は難しい。

分布：屋久島

生 常緑亜高木（1–5m）花 3月–4月

59a セイシカ【Seishika 聖紫花】
Rhododendron latoucheae Franch. var. *latoucheae*

河川沿いや岩場など日当たりの良い場所に生育する。
（2017年3月16日　沖縄県西表島）

葉は長楕円形、長さ5–9cm、幅2–3cm。葉は両面とも無毛。

花は淡桃紫色、径4–5cm。雄蕊は10本。子房は無毛。

蒴果は2.5–4cmの円筒形、花柱は3–4cmと長く結実期まで残存する。無毛で萼片は小さく目立たない。

琉球諸島の一部（西表島、石垣島）にのみ分布する。識 花色は、南西諸島に分布するサクラツツジに似るが、花はより大型で芳香もある。名 中国では同種に「西施花」の字が充てられており、これが由来になっていると思われる。西施とは中国四大美女の一人であり、それほど美しいとの形容のようである。おそらく日本の聖紫花は当て字であろう。＊日本での分布は限られているが、分布の中心は大陸であり、長江より南の広い範囲で見ることができる。変種として奄美大島にのみ分布するアマミセイシカが認識されている。

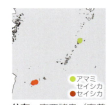

分布：南西諸島（奄美大島、石垣島、西表島）、中国、台湾

セイシカ亜属

59b アマミセイシカ 【Amami-Seishika　奄美聖紫花】
Rhododendron latoucheae Franch. var. *amamiense* (Ohwi) Yamazaki

（鹿児島県奄美大島　2007年3月7日）

南西諸島（奄美大島）に分布する（環境省レッドリスト、CR）。奄美大島の1か所にのみ自生が知られている変種で、個体数は少ない。葉の基部で葉縁がセイシカよりゆるやかに葉柄につながり、葉裏の脈はセイシカよりわずかに目立たない。

コラム　セイシカを求めて

　西表島は沖縄本島よりも台湾のほうが近い亜熱帯の島。3月はもう春、リュウキュウシロスミレなども咲いている。西表島の撮影目的はセイシカとシナヤマツツジとサキシマツツジ。島北部の浦内川で観光船に乗った。マングローブ林が広がる浦内側の河口から遊覧船は出発する。植物や歴史、潮の干満について説明を聞きながら汽水域から淡水域に入っていくと、川岸の岩にセイシカが咲いていた。2017年はセイシカの開花が遅れたうえ、花も少なかったが、美しい花との出会いに感動する。白花のセイシカも1本あった。

　船が川を上流に向かうと山の中腹に、大きな木になり花が小さいシナヤマツツジが見える。船の終点の軍艦岩が近づき、水面近くにはサキシマツツジの大きい赤色の花が見えた。ヤマツツジとサキシマツツジは似ているが、萼片の形で見分ける。植物を撮影しながらカンピレーの滝まで半日ゆっくり歩いた。ツツジ以外にも珍しい植物も多く、植物好きには楽しいコースだ。

（髙橋）

生 常緑矮性低木（1m以下） 花 5月–6月 R VU

60 サカイツツジ【Sakai-tsutsuji　境躑躅】

Rhododendron lapponicum (L.) Wahlenb. subsp. *parvifolium* (Adams) Yamazaki

高層湿原のマウンド上に稀に見られる。（1987年6月6日　北海道根室市　撮影：山田達朗）

葉は楕円形、長さ7–20mm、幅3–8 mm。葉の両面に鱗状毛が密生する。葉柄が約1mmと短く目立たない。

花は紅紫色、径約1.5 cmと小型。雄蕊は10本。子房には鱗状毛が密生する。蒴果は卵形、長さ約5mm、赤褐色の鱗状毛が密生する。萼片は約1.5mmで目立たない。

国内では北海道根室地方の1か所にのみ自生が知られている希少種。葉は、同じく北海道に分布するエゾムラサキツツジよりも小型で、同じく高層湿原に生育するイソツツジも葉は細長いが葉裏に軟毛が密生する点が本種と異なる。名樺太の旧日露国境に近い地域で採取されたことに由来する。＊エゾツツジなどと同じく北極域に分布の中心がある種の1つで、日本は分布の南限である。基準亜種 subsp. *lapponicum* を含めるとその分布は非常に広大で、ユーラシア〜北アメリカ、グリーンランドに及ぶ。国外では高層湿原以外にも生育する。

分布：北海道（落石岬）、北朝鮮、中国（東北部）、モンゴル、ロシア（極東）、アメリカ、カナダ、グリーンランド、ノルウェー

生 半常緑低木（1m以下） 花 5月 R VU

61 エゾムラサキツツジ 【Ezo-murasaki-tsutsuji　蝦夷紫躑躅】

Rhododendron dauricum L.

ヒカゲツツジ亜属

北海道の山岳に分布する。（1996年5月26日　北海道アポイ岳　撮影：永田芳男）

葉は楕円形、長さ1.5–5cm、幅1–2.5cm。葉の両面や葉柄に鱗状毛がある。

花は紅紫色、径2.5–3cm。雄蕊は10本。子房には鱗状毛が密生する。

蒴果は長楕円形、長さ7–13mm、鱗状毛が密生する。萼片は小さく目立たない。

国内の分布は北海道に制限されているが、国外では朝鮮半島北部、中国東北部、ロシア極東地域に生育する。識葉は特徴的な小型の葉で、ヒカゲツツジにも似るが分布はまったく重複していない。葉は厚く常緑性に見えるが、ほとんどの葉が越冬しないので半常緑として扱われる。名北海道（蝦夷）に分布することから。＊日本に分布するヒカゲツツジ亜属は、総じて葉に鱗状毛があり、葉をちぎるとミカンの葉のようなテルペン臭がする。日本に分布するヒカゲツツジ亜属の種は北方の系統が多いが、大陸では南方系の種数も多い。

分布：北海道、北朝鮮、中国（東北部）、ロシア（極東）

生 常緑低木（1-2m） 花 4月-5月

62a ヒカゲツツジ 【Hikage-tsutsuji　日陰躑躅】

Rhododendron keiskei Miq. var. *keiskei*

薄黄色の花が特徴的な種。（2017年5月8日 宮崎県都農町）

葉は長楕円形、長さ3-8cm、幅0.8-2cm。葉の両面や葉柄に鱗状毛がある。

花は淡黄色、径4-5cm。雄蕊は10本。子房には鱗状毛が密生する。

蒴果は筒形、長さ10-13mm、鱗状毛がある。萼片は小さく目立たない。

本州以南の岩場などの日当たりの良い場所に生育する。識 薄黄色の花は非常に特徴的で、落ち着いた美しさがある。他に薄黄の種はキバナシャクナゲがあるが、花の大きさ・葉型・葉の厚さや分布が大きく異なる。名 名は日陰となっているが、生育環境は様々で、1000m以上の山地の日当たりの良い岩礫地でもよく見られる。林内の薄暗い環境にも生育し、特に屋久島の中標高帯ではスギ大径木にも着生している。＊2つの変種が認められていて、どちらも分布が狭い。屋久島の山頂部には樹形が小型の変種ハイヒカゲツツジ var. *ozawae* Yamazaki が分布する。

分布：本州、四国、九州、屋久島

62b ウラジロヒカゲツツジ 【Urajiro-hikage-tsutsuji 裏白日陰躑躅】

Rhododendron keiskei Miq. var. *hypoglaucum* Suto et Suzuki

(2006年5月3日 埼玉県 撮影：永田芳男)

関東地方の一部のみに分布する（環境省レッドリスト、CR）、ツツジ属で種の保存法に指定されたものの1つである。花はヒカゲツツジよりも薄い黄色で、名前のように葉裏が白色で葉の幅が広い。

コラム 日本ツツジ名山ベスト12コース❸

9：大分県・九重山三俣山
ミヤマキリシマ。山頂付近は日本有数のツツジ（ミヤマキリシマ）の大群落があり、斜面をピンク色に染め、花酔いしそうなほど。隣の大船山にもミヤマキリシマが多い。法華院温泉に泊まれば両方登れる。九重山にはヨウラクツツジも稀にある。

10：宮崎県・尾鈴山
ウラジロミツバツツジ、ナンゴクミツバツツジ、ヒュウガミツバツツジ、ツクシコバノミツバツツジ、ツクシアケボノツツジ、ツクシシャクナゲ、ヒカゲツツジ。多くのツツジの花が一度に見られる。ウラジロミツバツツジを見るならこの山に。

11：鹿児島県・屋久島宮之浦岳
ヤクシマシャクナゲ、ヤクシマミツバツツジ、ヤクシマヤマツツジ。ヤクシマシャクナゲは花期が少し遅い。日帰りで往復できるが、歩行時間は長くつらい。黒味岳までの登山でも両方見られる。屋久島の河川の渓流にはサツキが多い。

12：沖縄県・西表島カンピレの滝
セイシカ、シナヤマツツジ、サキシマツツジ。南国の3種のツツジが一度に見られる。花は3月中旬が見ごろ。（髙橋）

生 落葉低木（1–1.5m）花 3月中旬–4月上旬 R NT

63 ゲンカイツツジ【Genkai-tsutsuji　玄界躑躅】
Rhododendron mucronulatum Turcz. var. *ciliatum* Nakai

日当たりの良い場所に生育する。（2017年4月12日 長崎県対馬）

葉は楕円形、長さ2.5–6cm、幅1.5–3cm。葉の両面に鱗状毛があり、両面や縁に長毛が散生する。

花は淡紅紫色、径3–4cm。雄蕊は10本。子房には鱗状毛が密生する。

蒴果は円柱形、長さ13–16mm、鱗状毛が密生する。萼片は小さく目立たない。

日本では中国地方や対馬などの限られた地域で見られ、特に対馬では多く、海岸沿いの岩場でよく見られる。識落葉性であるため、葉は鱗状毛が特徴である他の常緑性ヒカゲツツジ類より薄い。花期の様子はミツバツツジ類にも似るが、花柄にも鱗状毛が密生するため花を見れば判別できる。名日本では玄界灘を中心とした地域に分布するため。＊分布の中心は朝鮮半島であり、基準変種のカラムラサキツツジが半島中部以南の広い範囲に分布している。当地ではチンダルレとしてよく知られ、花はレンゲツツジと異なって無毒であり食用されている。

分布：本州（中国地方）、四国（愛媛県の一部）、九州（北部）、対馬、朝鮮半島（東部）

生 常緑矮性低木（1m以下） 花 6月–7月

64 イソツツジ 【Iso-tsutsuji　いそ躑躅】
Rhododendron hypoleucum (Kom.) Harmaja

ヒカゲツツジ亜属

寒冷地の日当たりの良い場所に生育する。（2009年6月27日　秋田県八幡平）

葉は長楕円形、長さ1.5–6cm、幅0.4–1.5cm。葉の表面は無毛、裏面は白色の軟毛が密生する。

花は白色、径約1cmと非常に小型で枝先に花序をつくり集まって咲く。雄蕊は10本。

蒴果は楕円形、長さ約5mm。果期には果実は下を向く。

寒冷地の山岳に分布するが、北海道では低地の高層湿原でも見られる。識 花は特徴的でツツジ属の中では特異である。名 エゾ（蝦夷）が訛ってイソになったとする説があるが、別にエゾツツジという種が存在するためややこしい。＊北海道には葉裏に褐色の毛が多く白色の毛が少ないカラフトイソツツジ *Rhododendron diversipilosum* (Nakai) Harmajaが分布し、本州（東北地方）と北海道南部には葉脈上にのみ褐色の毛が密生するイソツツジが分布するとなっている。ただし、北海道には中間型があることになっていて検証が必要である。

分布：北海道、本州（東北地方）、ロシア、北朝鮮

生 常緑矮性低木（1m以下） 花 6月–7月

65 ヒメイソツツジ 【Hime-iso-tsutsuji　姫いそ躑躅】

Rhododendron tomentosum (Stokes) Harmaja var. *subarcticum* (Harmaja) G.Wallace

寒冷地の日当たりの良い場所に生育する。（2016年7月14日　北海道大雪山）

葉は狭長楕円形、長さ1–3cm、幅1–3mmと非常に細い。葉裏は褐色の長毛が密生する。

花は白色、径約1cmと非常に小型、枝先に花序をつくり集まって咲く。雄蕊は10本。蒴果は楕円形、長さ約5mm。果期には果実は下を向く。

エゾツツジなどと同じく北極域に分布の中心がある種の1つで、日本は分布の南限にあたるが自生地はそれほど多くない。識 イソツツジ類は小花が集まって咲くため特徴的だが、他の近縁種とは花は非常に似ていて識別形質は主に葉である。本種は細い葉が非常に特徴的である。名 葉が細く小型のイソツツジであるためと思われる。＊イソツツジ類は従来別属 *Ledum* とする意見があったが、DNA解析の結果より現在ではツツジ属に含められている。系統的にはサカイツツジやヒカゲツツジに近く、同じ亜属に含められる。

分布：北海道、ユーラシア、北アメリカ、グリーンランド

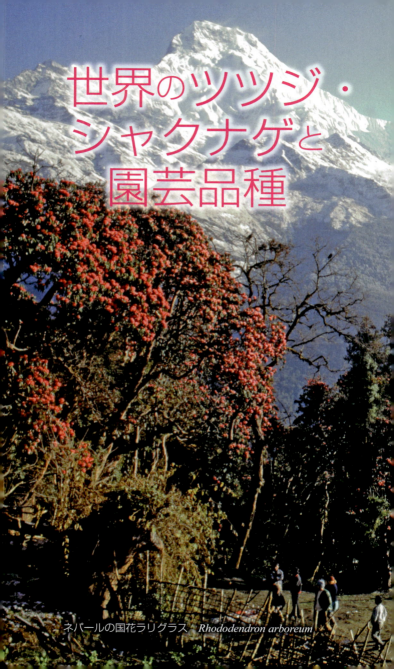

世界のツツジ・シャクナゲと園芸品種

ネパールの国花ラリグラス　*Rhododendron arboreum*

世界のツツジ・シャクナゲ

シャクナゲ亜属

　シャクナゲ類の分布の中心はヒマラヤで、多くの種が分布している。日本のシャクナゲ類はヒマラヤを起源として分散したのではないかと言われており、その場合、一部は中国北部・ロシアを経由して日本列島を南下し、一部は中国中南部を経由して日本列島を北上したと考えられる。同様に、一部の種はヒマラヤから離れた場所に生育している。セイロン島に分布する *Rhododendron arboreum* subsp. *zeylanicum* の場合、基準亜種はネパールに分布する。ネパールを起源とするかは定かでないが、北アメリカにも *R. macrophyllum* など数種のシャクナゲ類が分布する。

R. arboreum subsp. *zeylanicum*（スリランカ　ホートン・プレインズ国立公園）　　*R. macrophyllum*（北アメリカ　カスケード山脈　フッド山）

ヒカゲツツジ亜属

　この亜属はツツジ属で初めて記載された種アルペンローゼ (*R. ferrugineum*) を含み、亜属の分布はヨーロッパからアジアに至る。特に種数が多いのは東南アジアで、この地域を中心に分布する系統はマレーシアシャクナゲ (vireya) と呼ばれる。*R. crassifolium* だけでなく多くの種は花色が鮮やかで、いくつかの種は芳香もある。このような特性から海外では園芸利用されているが、日本の気候では年間を通して屋外で栽培することは沖縄などを除いて難しい。

アルペンローゼ *R. ferrugineum*（オーストリア　チロル・アルプス）

R. crassifolium（マレーシア　ボルネオ島　山地の熱帯雲霧林）

ヤマツツジ亜属

　ヤマツツジ亜属の分布の中心は東アジアで、この地域にほとんどの種が分布する。特に大陸や台湾には *R. rubropilosum* var. *taiwanalpinum* など日本の種とは形態の異なる多くのヤマツツジ類が分布している。また、北アメリカにも少数ではあるが *R. albiflorum* やヨウラクツツジ類が分布する。

R. rubropilosum var. *taiwanalpinum*
（台湾　撮影：渡辺洋一）

R. albiflorum（アメリカ　カスケード山脈レーニア山麓）

103

ツツジ・シャクナゲの園芸品種

ヒラドツツジ系

多くの人がツツジと聞いてイメージするのはこのツツジかもしれない。園芸品種の1つ'大紫'はあまりにも生垣などの緑化で多用されていて、5月ごろに各地の公園などで株を埋め尽くすほどの大量の花を毎年咲かせる。ヒラドツツジ系は、キシツツジ・ケラマツツジなどを親として交配されたと言われ、大きな花・常緑の葉などはこれらの親種がもつ特性である。

ヒラドツツジ '大紫'

サツキ系

サツキ系は生垣と盆栽の2つの用途がある。生垣に用いられている系統は野生型と見分けがつかないものがほとんどで、おそらく野生選抜されてから特段の育種が行われていないと推察される。サツキの園芸品種が豊富なのは盆栽向けのもので、花の色・形に多彩さがある。サツキの品種改良は江戸時代の頃から盛んで、元禄の頃には菊・花菖蒲などと同じように品種改良が流行したようである。野生種のサツキは5月下旬に咲くのが特徴だが、これらの園芸品種は他種との交配を経ているため、4月下旬から咲くものもある。

サツキ '大盃'

キリシマツツジ（クルメツツジ）系

　キリシマツツジ系の品種も生垣に用いられているものを見るが、それほど多くはない。九州の霧島山麓に見られるヤマツツジとミヤマキリシマの交雑系統を由来として品種改良が進んだと考えられ、さらに福岡県の久留米地域を中心として更に品種改良が進んだものをクルメツツジと呼称している。

キリシマツツジ　'日の出霧島'

モチツツジ系

　モチツツジは、ヒラドツツジ系と同じく大型の見栄えのする花が特徴であり、それを生かした品種が多い。また'花車'のような「采咲き」と呼ばれる花弁と雄蕊が変化した形態の品種も見られる。このような変わり咲きはモチツツジ系だけでなく、サツキ系でも多く作出されている。

モチツツジ　'花車'

シャクナゲ系

　その豪華な花付きから主にヨーロッパで注目され品種改良が進んだ。日本の野生種であるヤクシマシャクナゲなども品種改良の親として利用されたらしく、そのような園芸品種は西洋シャクナゲとして流通している。似たような例にバラ・アジサイ・ユリがあり、ヨーロッパで行われた品種改良には日本の野生種が利用されている。

セイヨウシャクナゲ　'太陽'

和名索引

ア

アカイシミツバツツジ……60
アカヤシオ……77
アケボノツツジ……77
アシタカツツジ……31
アズマシャクナゲ……86
アマギシャクナゲ……87
アマギツツジ……67
アマクサミツバツツジ……53
アマミセイシカ……93
アラゲサクラツツジ……68
アワノミツバツツジ……51
イソツツジ……99
ウスギヨウラク……73
ウラジロヒカゲツツジ……97
ウラジロミツバツツジ……55
ウラジロヨウラク……74
ウンゼンツツジ……47
エゾツツジ……24
エゾムラサキツツジ……95
エンシュウシャクナゲ……90
オオコメツツジ……44
オオシマツツジ……26
オオバツツジ……80
オオヤクシマシャクナゲ……91
オオヤマツツジ……35
オキシャクナゲ……89
オンツツジ……65

カ

ガクウラジロヨウラク……75
カラフトイソツツジ……99
カラムラサキツツジ……98
キシツツジ……38
キバナシャクナゲ……84
キョウマルシャクナゲ……89

キヨスミミツバツツジ……57
キリシマミツバツツジ……62
キレンゲツツジ……83
ケサクラツツジ……68
ケラマツツジ……40
ゲンカイツツジ……98
コウヅシマヤマツツジ……62
コバノミツバツツジ……64
コメツツジ……43
ゴヨウツツジ……78
ゴヨウザンヨウラク……72
コヨウラクツツジ……69

サ

サイカイツツジ……26
サイゴクミツバツツジ……61
サカイツツジ……94
サキシマツツジ……41
サクラツツジ……68
サタツツジ……28
サツキ……32
シナヤマツツジ……34
シブカワツツジ……66
シロバナウンゼンツツジ……48
シロヤシオ……78
ジングウツツジ……66
セイシカ……92
センカクツツジ……33

タ

ダイセンミツバツツジ……59
タイワンヤマツツジ……34
タカクマミツバツツジ……54
タンナチョウセンヤマツツジ
　　……36
チョウジコメツツジ……45
チョウセンヤマツツジ……36

ツクシアケボノツツジ……76
ツクシコバノミツバツツジ……64
ツクシシャクナゲ……88
ツリガネツツジ……73
ツルギミツバツツジ……60
トウゴクミツバツツジ……58
トキワバイカツツジ……82
トサノミツバツツジ……50

ナ

ナンゴクミツバツツジ……56

ハ

バイカツツジ……81
ハイヒカゲツツジ……96
ハクサンシャクナゲ……85
ハコネコメツツジ……46
ハヤトミツバツツジ……51
ヒカゲツツジ……96
ヒダカミツバツツジ……50
ヒメイソツツジ……100
ヒメミツバツツジ……61
ヒメヤマツツジ……27
ヒュウガミツバツツジ……52
フジツツジ……30
ホソバシャクナゲ……90

ホンシャクナゲ……89

マ

マルバサツキ……33
ミカワツツジ……26
ミツバツツジ……49
ミヤマキリシマ……29
ムニンツツジ……42
ムラサキオンツツジ……65
ムラサキツリガネツツジ……75
ムラサキヤシオツツジ……79
メンツツジ……30
モチツツジ……37

ヤ

ヤクシマシャクナゲ……91
ヤクシマミツバツツジ……63
ヤクシマヤマツツジ……39
ヤクシマヨウラクツツジ……71
ヤマツツジ……25
ユキグニミツバツツジ……59
ヨウラクツツジ……70
ヨドガワツツジ……36

ラ

レンゲツツジ……83

本書で引用した文献

Chamberlain D, Hyam R, Argent G, Fairweather G, Walter KS (1996) The genus *Rhododendron*: its classification and synonymy. Royal Botanic Garden Edinburgh, Edinburgh.

Yamazaki T (1996) A revision of the genus *Rhododendron* in Japan, Taiwan, Korea and Sakhalin. Tsumura Laboratory, Tokyo.

Kurashige Y, Etoh J–I, Handa T, Takayanagi K, Yukawa T (2001) Sectional relationships in the genus *Rhododendron* (Ericaceae): evidence from matK and trnK intron sequences. Plant Systematics and Evolution 228: 1–14.

Goetsch L, Eckert AJ, Hall BD (2005) The molecular systematics of *Rhododendron* (Ericaceae): a phylogeny based upon RPB2 gene sequences. Systematic Botany 30: 616–626.

Craven LA (2011) Diplarche and Menziesia transferred to *Rhododendron* (Ericaceae). Blumea 56: 33–35.

倉重祐二 (2017) ツツジ科ツツジ属・エゾツツジ属. 大橋広好・門田裕一・邑田仁・米倉浩司・木原浩 (編) 改訂新版 日本の野生植物 4 アオイ科〜キョウチクトウ科. 平凡社, 東京. pp. 232–250.

あとがき

　私はまだ 30 代になったばかりの研究者であり、当初執筆の依頼を受けたときは出版できるのだろうかと不安にもなりましたが、無事校了することができました。ハンドブックの構成は、国内の野生種だけでなく園芸品種や海外の野生種も取り扱い、より多くの人に興味を持っていただけるだけでなく、検索表や葉のスキャン画像を取り入れるなど様々な工夫を施すことで使いやすさを高めています。これらの構成は、著者・編集者の 3 人で議論を重ねたことでより良いものにできていると思います。すべての変種まで解説できなかったことは悔やまれますが、国内の主要種は網羅していますので、実際に野外に持ち出して利用していただければ幸いです。

　今回の執筆では、各種の形態を整理し葉のスキャンや葉・果実の多くの写真の撮影を自身で行ったことで、ツツジ属の形態分類を深く理解することができ、あらためて勉強になりました。執筆の機会を与えてくださった文一総合出版の椿康一さん、素晴らしい写真を撮影してくださった髙橋修さんに深く感謝いたします。

渡辺洋一

　2016 年、2017 年はツツジ中心の年でした。北は北海道から南は西表島まで、亜熱帯林から高山帯まで、特に春には休むことなく走りまわりました。2017 年は九州と沖縄だけでも 6 回往復しています。国内だけでなくアメリカ、マレー半島、スリランカまで、海外のツツジの撮影もしてしまいました。こうして 2 年間はあっという間に過ぎたのです。

　ツツジの花を追って飛び回る日々は楽しいものでした。植物図鑑の撮影は、ただ花を撮ればいいというわけではありません。山の中に分け入り、ツツジを見つけ種類を同定し、そして撮影。ひとつのツツジに何時間もかけて、花のアップ、葉のアップなど、ひとつのツツジに何時間もかけました。落ちたら軽傷では済みそうにない岩場で木につかまりながらの撮影もあり、登山の体力とクライミングのテクニックも必要でした。でも撮影は楽しいものでした。何よりも、初めて見るツツジとの出会いと発見の感動の瞬間が何度も味わえたのは、すばらしい経験でした。

　このような機会を与えてくれた文一総合出版の椿康一さんと、この図鑑の著者である渡辺洋一さん、植物の情報を教えてくれた方々、読者の皆様、いつも協力してくれた家族に感謝しております。

髙橋修